데이터
시각화는
처음
입니다만

데이터
시각화는
처음
입니다만

김세나 지음

보면 바로 이해되는 보고서 작성법

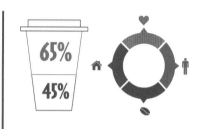

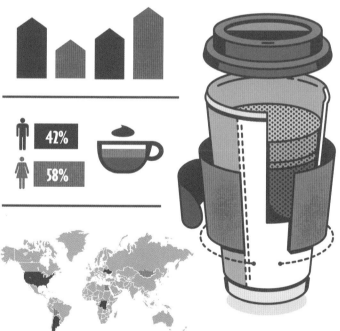

28% 31% 41%

48%

일잘러를 위한
실무 마스터

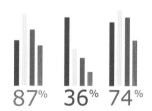

87% 36% 74%

행복한북클럽
Happy Bookclub

어떤 책을 쓰고 있나요?

이 책을 집필하기 시작했을 때 책에 대해 궁금해 하던 분의 질문이 생각납니다. 데이터 시각화나 정보 디자이너라는 제 직업을 모르는 분께 이 책의 내용을 직관적으로 설명할 만한 답변이 생각나지 않아 "일 잘하고 싶은 사람이라면 누구나 보는 책을 목표로 하고 있습니다."라고 말씀드렸습니다.

저는 주로 오피스 프로그램의 사용법과 디자인 사례를 콘텐츠화하는 강의를 하고 있습니다. 사례를 콘텐츠화할 때는 신뢰성 있는 자료가 필요합니다. 신뢰성 있는 자료를 만들기 위해서는 데이터들이 무엇을 의미하는지 직접 시각화해봐야 합니다.

이 책은 데이터를 시각화하면서 터득한 노하우의 기록입니다. 일을 하고 문서를 만드는 사람들에게 필요한 데이터 시각화 팁을 담고 있으며, 데이터가 가지고 있는 인사이트를 나뿐만 아니라 타인도 이해할 수 있게 해주는 표현 방법을 설명합니다.

데이터 시각화는 전문적인 툴과 지식이 있어야 가능한 것일까요? 관련 공부를 시작하겠다고 마음먹은 시점에 제가 고민한 것도 그것이었습니다. 책과 영상 등을 파고들어 내린 결론은 '우선 내게 익숙한 툴로 시작하자'는 것이었습니다. 여러분에게도 지금 업무 현장에서 가장 많이 활용하고 있는 파워포인트로 시작하는 것이 가장 자연스러울 것입니다.

그럼에도 불구하고 이책이 파워포인트 책으로만 기억되지 않기를 바랍니다.

프로그램을 떠나 데이터를 시각화하는 과정에서 얻게 되는 발견과 통찰력이 결국 문제를 제대로 파악하고 해결하는 능력을 높여주기 때문입니다. 이 책이 문제를 보는 통찰을 전할 수 있기를 바랍니다. 그리고 데이터 시각화라는 기술은 거창한 것이 아님을 알고, 자신의 일에 가까이 두고 활용할 수 있기를 바랍니다.

집필하는 동안 많은 분들의 도움을 받았습니다. 갑자기 환경과 프로젝트의 방향이 바뀌었지만 어려움 없이 책이 나올 수 있도록 물심양면으로 애써주신 편집자님, 출판 작업에 관여해주신 분들께 감사를 전합니다.

책을 집필한다는 소식을 처음 알렸을 때부터 출간할 때까지 기대감을 애써 숨기려고 했던 부모님과 동생에게도 고마운 마음을 전합니다. (다음에 책 집필을 하면 어느 정도 진행된 후에 소문을 내야겠다는 다짐을 해봅니다.) 오랜 기간 동안 서포트해준 짝꿍에게도 감사합니다.

연차가 쌓일수록 일적으로도 일 외적으로도 서로 응원해주는 친구들에게 고마운 마음이 커집니다. 그리고 일의 성과를 보여줄 수 있어 뿌듯합니다.

여전하게, 꾸준히 해보겠습니다.

김세나

CONTENTS

11 CHAPTER | 목표와의 차이 시각화

12 CHAPTER | 증가와 감소 과정 시각화

13 CHAPTER | 데이터 시각화 실무 활용

이 책을 활용하는 법

강의를 하다 보면 문서 작성과 시각화에 대해 고민하는 분들을 많이 만납니다. 대부분 스스로 '디자인 감각'이 없는 것이 문제라고 생각하지만 정작 정보 디자이너인 제가 보기에는 디자인 감각보다는 설득력이 문제인 경우가 많았습니다.

보고서나 제안서 등 본인의 견해가 들어가야 하는 문서에서 이런 특징은 훨씬 두드러지게 나타납니다. 그 이유는 포털사이트에서 복사한 신문기사를 파워포인트 슬라이드에 욱여넣고 내 의견을 양념 치는 정도로 추가하기 때문입니다.

이때 복사한 기사들은 글보다는 파워포인트에서 그리기 어려워 보이는 이미지, 특히 그래프들인 경우가 많습니다. 이런 그래프들은 기사와 이미지 자체의 저작권에도 문제가 될 수 있지만 더 심각한 것은 데이터에 본인의 의견을 담을 수 없다는 데 있습니다. 수치를 수정하거나 특정 항목을 강조할 수도 없습니다. 더 정확히 말해 데이터를 강조하기 위해 할 수 있는 방법은 그래프 이미지 위에 빨간색 원과 사각형을 추가하는 것밖에 없습니다.

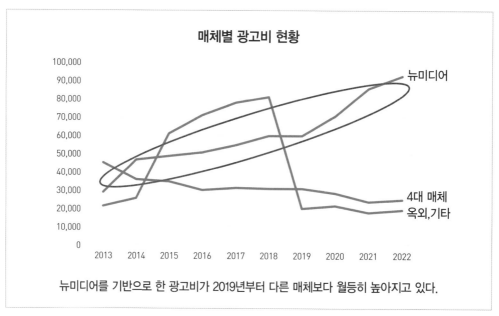

출처 : 매체별 광고비 현황, e-나라지표
https://www.index.go.kr/unity/potal/main/EachDtlPageDetail.do?idx_cd=1649#

회사 생활을 하면서 문서 작성을 했는데 문서에 본인의 의견이 근거 없이 들어 있다거나 그래프가 도무지 무엇과 연관이 있는지 모르겠다는 피드백을 받은 경험이 한두 번은 있을 것입니다.

특히 요즘처럼 실무에서 의사결정을 할 때 데이터가 차지하는 비중이 늘어나고 있는 시점에서 언제까지 내 주장에 맞는 그래프를 찾느라 인터넷을 헤맬 수는 없는 노릇입니다. 이럴때는 많이 공유돼 있는 데이터로 본인이 직접 시각화에 도전하는 것이 낫지 않을까요? 다행히 데이터만 있으면 그래프를 그릴 수 있는 다양한 툴도 있으니 말입니다. 여기서 말하는 다양한 툴이란 프로그래밍이 필요하거나 전문적인 디자인에 쓰이는 툴이 아니라 실무에서 가장 많이 활용하는 오피스 프로그램들인 파워포인트나 엑셀 등을 의미합니다.

이 책은 데이터 시각화를 통해 일을 좀 더 잘하고 싶은 분들을 위해 쓰여졌습니다. 지금까지는 데이터를 보여주기 위해 기계적으로 차트 기능을 찾았다면 이 책은 좀 더 나은 버전의 데이터 시각화 방식을 제안할 것입니다.

이제 여러분이 가장 먼저 접하게 될 내용은 실무에서 만날 만한 데이터 시각화 사례들입니다. 만약 책에서 제시한 어떤 사원, 혹은 어떤 분야에서 데이터를 만났다면 여러분은 어떻게 시각화할 수 있을까요? 그래프를 작성하는 데 우리가 해왔던 습관들을 파악하는 것부터 시작합니다. 시간에 쫓겨서 또는 방법을 잘 몰라서 방치해 뒀던 데이터 시각화를 망치는 습관들을 깨닫고 고치는 데서부터 변화는 시작됩니다.

이 책에서 사용된 디자인의 개선 방안은 두 가지입니다. 하나는 가장 대중적인 툴인 파워포인트의 차트 기능에서 편집하는 방식이고, 다른 하나는 도형을 직접 그리거나 데이터 입력 방식을 응용해 편집하는 방식입니다. 이때 작업에 필요한 시간과 따라할 수 있는 범위에 따라 모든 방식을 다 적용할지, 일부만 적용할지를 정하도록 합니다. 반드시 끝까지 똑같이 만들어 보지 않아도 괜찮습니다. 우리의 목표는 어디까지나 데이터를 시각화해 인사이트를 도출하는 데 있습니다.

1단계 : 습관처럼 그리던 그래프에서 아쉬운 점, 더 나아갈 수 있는 점들을 발견한다

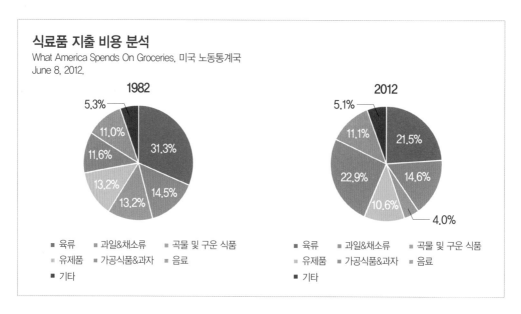

식료품 지출 비용 분석
What America Spends On Groceries, 미국 노동통계국
June 8, 2012.

출처 : https://www.npr.org/sections/money/2012/06/08/154568945/what-america-spends-on-groceries

2단계 : 차트 기능을 이용해 디자인을 개선할 수 있는 방향을 이해한다

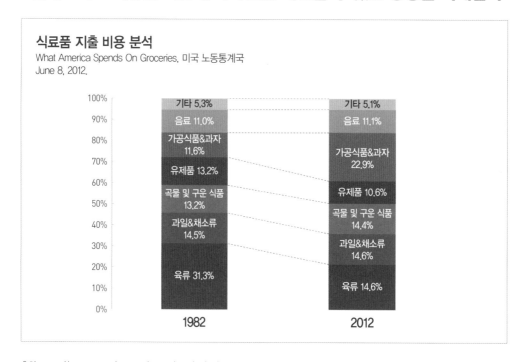

식료품 지출 비용 분석
What America Spends On Groceries, 미국 노동통계국
June 8, 2012.

출처 : https://www.npr.org/sections/money/2012/06/08/154568945/what-america-spends-on-groceries

3단계 : 전 단계까지의 수정 방법이 아쉽다면 도형이나 다른 그래프 등의 방식을 더해 디자인을 업그레이드하는 방법을 탐구한다

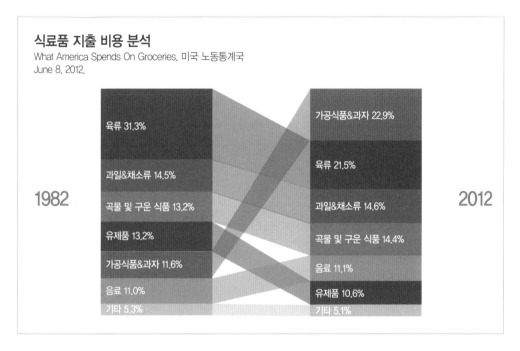

식료품 지출 비용 분석
What America Spends On Groceries, 미국 노동통계국
June 8, 2012.

1982

육류 31.3%

과일&채소류 14.5%

곡물 및 구운 식품 13.2%

유제품 13.2%

가공식품&과자 11.6%

음료 11.0%

기타 5.3%

2012

가공식품&과자 22.9%

육류 21.5%

과일&채소류 14.6%

곡물 및 구운 식품 14.4%

음료 11.1%

유제품 10.6%

기타 5.1%

출처 : https://www.npr.org/sections/money/2012/06/08/154568945/what-america-spends-on-groceries

반드시 모든 단계까지를 완성해야만 데이터 시각화를 잘하는 것은 아닙니다. 데이터를 오해 없이 잘 전달하겠다는 목적과 각자의 상황에 맞는 방식으로 내용을 살펴보세요. 그래프를 사용하며 어려웠던 부분과 중점적으로 다뤄야 할 부분을 직접 편집해 가면서 시각화 문서의 질을 높일 수 있을 것입니다.

끝으로 작업에 필요한 팁은 파워포인트 기능으로 설명할 것입니다. 그 이유는 제가 활동 영역에서 파워포인트를 가장 많이 활용하고 있기 때문입니다. 만약 다른 툴로 데이터 시각화 작업을 하고 있어도 괜찮습니다. 이 책은 시각화와 더불어 데이터에서 우리가 집중해야 할 부분도 설명하고 있으니 각자의 툴로 완성본을 어떻게 만들 수 있을지 고민하는 것도 좋은 방법입니다.

이 책에 제시된 자료들은 모두 파워포인트로 작업한 것입니다. 많은 분들이 데이터를 시각화하려면 새로운 툴이나 프로그래밍 언어를 다룰 줄 알아야 한다고 생각하지만 적어도 실무에서 커뮤니케이션 자료를 만들 때는 필수적이지 않습니다. 오히려 데이터 시각화를 이해하기 전에 툴을 배우는 데 진을 다 뺄 수 있으므로 더 비효율적일 수 있습니다.

사용하는 툴과 상황에 따라 이 책의 활용 방법을 세 부분으로 나눠서 설명하겠습니다.

① 파워포인트와 엑셀을 주로 사용한다면

- 데이터 시각화를 공부하는 것이 목적이라면 이 책을 처음부터 끝까지 가볍게 읽어보기를 추천합니다. 그중 한두 장 정도는 만들어 보세요.
- 답이 정해져 있지 않으므로 이 책에 제시된 방식보다 더 나은 방식이 있다면 그 방식을 이용해도 됩니다.

② 파워포인트와 엑셀을 주로 사용하고, 실무에 그래프 디자인을 써야 한다면

- 직접 만들어 볼 수 있는 모든 단계의 파워포인트 템플릿을 첨부해 뒀으므로 적절히 선택해서 각자의 데이터를 입력해 사용하세요.
- 책에 사용된 이미지 및 파워포인트 문서에 그래프와 도식을 삽입해 적절한 레이아웃을 구성한 템플릿을 추가했습니다. 책의 마지막 부분에서 직접 다운로드받아 사용할 수 있으니 참고하기를 바랍니다.

③ 주로 사용하는 프로그램이 파워포인트나 엑셀이 아니라면

- 꼭 파워포인트를 사용하지 않아도 되므로 이 책에서 사용된 디자인 결과물들을 눈으로 익힌 후 각자의 툴로 만들어 보세요. 머릿속에 완성된 그래프 이미지만 있다면 어떤 툴로도 충분히 작업할 수 있습니다.

덧붙여 제가 데이터 시각화를 공부했던 방법과 활용 방법들을 따로 정리해 뒀습니다. 이를 활용하면 데이터 시각화를 공부하기 위한 여러분만의 방법과 도구들을 찾는 데 분명히 도움이 될 것입니다.
그럼 이제 데이터 시각화를 본격적으로 체험해 보겠습니다.

MEMO

사례로
배우는
데이터
시각화

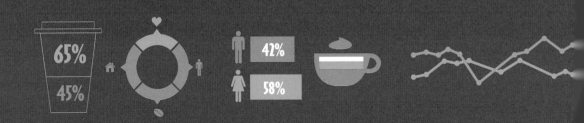

 48%

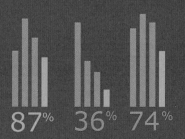

87% 36% 74%

28% 31% 41%

문제 ➡ 이슈 확인
➡ 접근 방법 확인

온라인과 오프라인, 어느 곳에 더 집중해야 할까?

라이프화장품 영업부에서 근무중인 이동진 사원은 올해 판매채널 개선 전략을 짜느라 고심하고 있다.

상사인 박서은 팀장의 요청은 먼저 상품 판매 채널을 온라인으로만 진행하는 경우와 온/오프라인 동시에 진행하는 경우 매출액을 비교하는 참고자료를 만들어달라는 것이다.

1 화장품 품목에서 온라인 채널을 이용한 판매만 하는 경우와 온/오프라인 채널을 동시에 운영하는 경우의 매출액을 주요 데이터로 정해야 한다.

2 1월부터 11월까지의 매출 데이터 비교를 통해 기간별 거래액의 변화를 그래 프로 확인하려고 한다.

3 정해진 기간동안의 매출액의 흐름을 보는 것이 목표이므로 이 자료에서는 한 그룹의 매출액이 다른 그룹보다 전반적으로 높거나 낮은지를 평균을 이용해 보여줄 수도 있다. 혹은 시간이 갈수록 매출량이 급변하는지, 혹은 안 정적으로 상승 또는 하락하는지를 확인하는 것도 보여줄 수 있다면 시각화 자료만으로 매출액의 추세를 확인할 수 있다.

이 접근 방식을 통해 온라인 쇼핑몰과 오프라인 쇼핑몰에 동시 입점하는 전략을 쓸 것인지, 한쪽 시장에 판매전략을 더 집중할 것인지를 결정하려고 한다.

Data visualization

그래프 디자인을 할 때 주의할 점

데이터 시각화를 잘 하기 위해서는 어떤 능력이 필요할까요?

분명 디자인 감각을 떠올리는 분들이 있을 것입니다.

그러나 직접 데이터를 시각화해 보면 데이터 시각화에서 중요한 것은 데이터에서 핵심 내용을 강조하는 방법이라는 것을 알게 됩니다. 수많은 데이터에서 주목해야 할 부분들을 강조하는 방법 몇 가지를 소개하겠습니다.

그래프를 디자인할 때 기억해 두면 좋은 법칙

여러 그룹의 항목을 보여줘야 할 때
색상, 형태를 통일시켜 같은 그룹으로 보이게 한다.

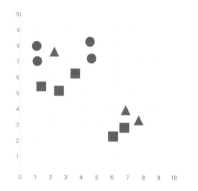

특정 그룹에 대한 설명이 필요할 때
그룹의 배경에 도형을 추가하거나 연결선이나 설명을 더한다.

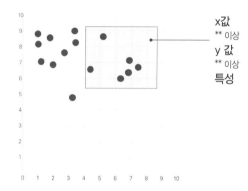

그래프의 배경 때문에 답답해 보일 때
그래프 배경의 선(그리드), 숫자(x축이나 y축, 데이터 레이블) 등을 좀 더 연한 색으로 편집하거나 크기를 줄인다.

실선으로만 이뤄진 그래프가 마음에 들지 않을 때
방향성을 지닌 개체들이 이해되는 형태(실선)는 같다. 여러 개의 점이 나열돼도 마찬가지이다. 실선, 점선, 여러 개의 점 등으로 표현 방법을 바꿔본다.

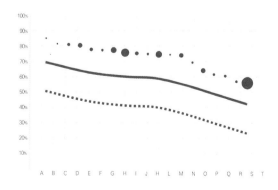

이 책에서 이야기하는 그래프 디자인은 그래픽 디자인의 원리 또는 게슈탈트(Gestalt) 원리를 바탕으로 요약한 것입니다. 생소한 디자인 원리들은 참고만 하고 그래프에서 **'보기 불편한 것들을 제거한다'**는 정도로만 이해하면 됩니다.

이제 실무에서 자주 접할 수 있는 그래프의 디자인을 수정해 보겠습니다.

다음은 2021년 1월부터 11월까지 온라인 쇼핑몰과 온/오프라인 쇼핑몰의 거래액을 보여주는 그래프입니다. 각 그래프의 거래액은 백만 원 단위이고, 붉은 선은 평균을 나타냅니다. 단, 여기서는 평균이 정확히 어떤 항목의 평균인지 나타나 있지 않습니다.

온라인 쇼핑몰 및 온/오프라인 쇼핑몰 운영형태별_화장품군 거래액(단위 : 백만 원)

출처 : 온라인 및 온/오프라인 쇼핑몰 운영형태별/상품군별 거래액
https://kosis.kr/statHtml/statHtml.do?orgId=101&tblId=DT_1KE10051&conn_path=I2

위 그래프는 화장품군의 온라인 쇼핑몰과 온/오프라인 쇼핑몰을 함께 운영하는 업체의 거래 현황입니다.

월별로 거래액이 들쭉날쭉한 온/오프라인 쇼핑몰에 비해 온라인 쇼핑몰의 거래액은 안정적입니다.

이럴 경우에는 들쑥날쑥한 온/오프라인 쇼핑몰의 매출 평균을 알아본 후 성장하고 있는 온라인 쇼핑몰과 비교해 어느 쪽이 좀 더 우위가 있는지 판단해 보기도 합니다. 최고 거래액

과 최소 거래액은 일시적인 현상이기 때문에 11개월의 데이터를 보려면 좀 더 장기적으로 거래액을 파악하는 방법이 필요합니다.

일반적으로 기본 그래프에 평균을 나타내는 선 등의 변수를 추가하려면 그래프에 개체를 추가하는 방법을 사용합니다.

데이터 시각화의 키포인트

다음 그래프에서는 2개 항목의 시간별 변화 데이터를 동시에 볼 수 있습니다. 하지만 그래프의 수치들이 의도했던 대로 잘 보이지 않습니다. 문제점은 다음과 같습니다.

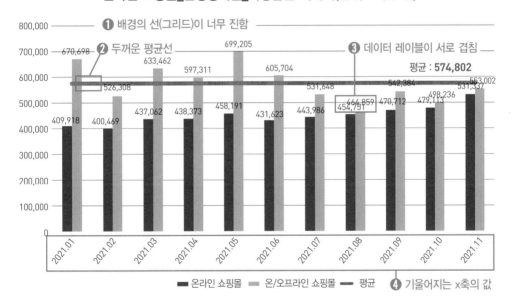

온라인 쇼핑몰_운영형태별_화장품군 거래액(단위 : 백만 원)

① 배경의 선이 너무 진합니다. 그래프와 데이터 레이블(그래프의 수치를 알려주는 숫자)이 함께 있어서 굵은 선이 그래프를 읽는 것을 방해합니다.

② 평균선이 너무 두껍고 강하게 표현돼 있습니다. 그래프가 나타내려는 것이 온/오프라인 쇼핑몰과 온라인 쇼핑몰의 비교라면 평균선도 나머지 두 항목과 디자인된 정도가 비슷한 것이 좋습니다.

③ 데이터 레이블이 너무 길어서 서로 겹치는 부분이 생깁니다.

④ x축은 매달 변화하는 데이터를 나타내고 있는데 같은 연도가 반복되면서 쓸데없이 길어 졌습니다. 그 결과, x축의 값들이 기울어지면서 가독성이 떨어집니다.

최적의 그래프 완성

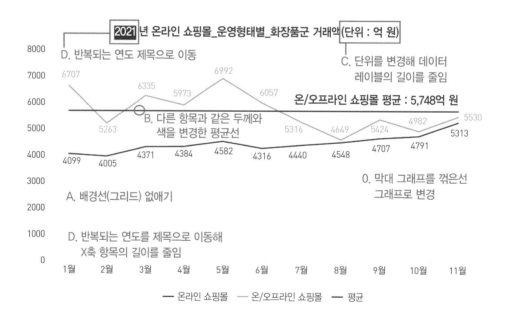

1차 수정한 그래프와 데이터에 대한 설명

0. 막대 그래프가 연속될 경우 수치를 보기도 힘들고 느낌도 답답해 꺾은선 그래프로 변경했습니다.

A. 배경선(그리드)을 없애서 그래프가 더 잘 보이게 했습니다.

B. 평균선은 그래프보다 과해 보이지 않도록 두께와 색을 조정했습니다.

C. 데이터 레이블의 길이 조정을 위해 단위를 변경했습니다. 큰 단위일 경우 반올림을 합니다.

D. 반복되는 연도는 제목 앞으로 이동했습니다. x축이 훨씬 깔끔해졌습니다.

이번 단계에서 가장 두드러진 점은 그래프의 종류를 바꾼 것입니다. 먼젓번의 그래프는 실무에서 가장 많이 쓰이는 막대 그래프입니다. 가장 익숙하기 때문에 크게 고민하지 않고 선택하는 그래프이기도 합니다.

하지만 단점이 있습니다. 특히 이번 데이터의 경우 11개월 동안 2개 항목, 즉 긴 막대 22개가 한 그래프에 놓이다 보니 월별 구분이 안 되고 데이터 레이블을 읽기도 쉽지 않았습니다. 이럴 경우에는 막대 그래프가 월별 거래액이라는 수치 비교에는 적합하지만 시간에 따른 변동을 표시하는 데도 적합한지 생각해 봐야 합니다.

데이터 레벨 업

이전 단계에서의 그래프 수정은 과한 것을 걷어내는 과정이었습니다. 다시 말해, 온/오프라인 쇼핑몰의 평균값을 온라인 쇼핑몰의 평균값과 비교한 것입니다.

여기서 온/오프라인 쇼핑몰의 거래액과 평균을 표시해 범례 없이도 같은 항목과 관련된 내용이라는 것을 보여주기 위해서는 어떤 방법을 사용해야 할까요?

정답은 '색'에 있습니다.

온/오프라인 쇼핑몰의 거래액을 표현한 녹색을 평균선에도 적용해 줍니다. 거래액과 평균은 각각 다음과 같이 실선과 점선으로 차이를 주고, 같은 색상의 농담을 통해 색을 표현해 주면 같은 그룹으로 인지하므로 구분과 항목별 통일성이라는 목표를 동시에 이룰 수 있습니다.

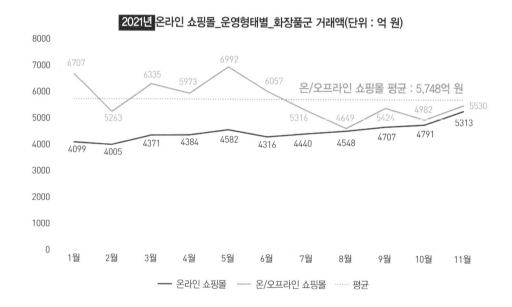

파워포인트로 구현하기

1 막대 그래프를 꺾은선 그래프로 바꾸기

- 편집하려는 그래프를 클릭한 후 [차트 디자인] – [차트 종류 변경]을 선택합니다.
- [차트 종류 변경] 대화상자에서 바꾸려는 그래프를 꺾은선형으로 선택할 수 있습니다. 그래프 변경 후 [확인]을 클릭합니다.

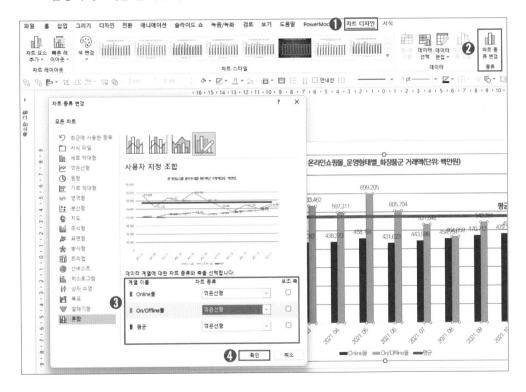

2 꺾은선 그래프의 선 두께 편집하기

- 편집하려는 그래프를 선택합니다. 예시는 검정색의 [온/오프라인 쇼핑몰 평균] 항목을 선택한 상태입니다. 그래프를 클릭한 후 [서식] – [선택 영역 서식]을 선택합니다.
- [데이터 계열 서식]의 [선]에서 관련 옵션을 지정할 수 있습니다. 너비의 수치를 높이거나 낮춰서 원하는 두께로 조정합니다.

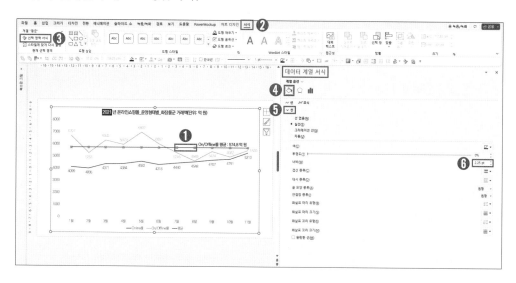

🔳 꺾은선 그래프의 실선과 점선 상태 선택하기

- 편집하려는 그래프를 선택합니다. 예시는 녹색의 **[온/오프라인 쇼핑몰 평균]** 항목을 선택한 상태입니다. 그래프를 클릭한 후 **[서식] – [선택 영역 서식]**을 선택합니다.
- **[데이터 계열 서식]**의 **[선]**에서 관련 옵션을 지정할 수 있습니다. **[대시 종류]**의 아이콘을 클릭해 실선이나 점선을 선택합니다.

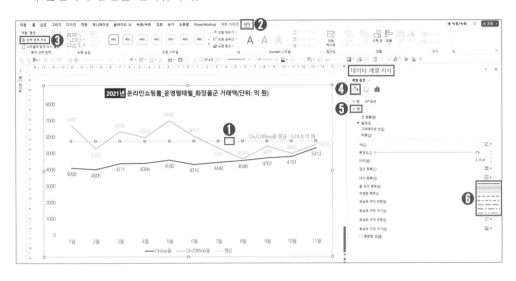

여러 항목의
데이터 비교

저출산 예산은 필요한 곳에 배분돼 있는가?

『스텝 매거진』의 남하루 에디터는 정부의 저출산 고령화 기본계획 문서를 며칠째 들여다보고 있다. 인구감소에 대응하기 위한 저출산 기본계획 예산이 필요한 곳에 배분돼 있는지에 대한 기획 기사에 사용하기 위해서이다. 과연 현재의 예산이 과연 인구감소의 큰 요인이 되고 있는 저출산 상황에 도움이 될 수 있을까? 결국은 부모가 될 사람들의 경제활동에까지 생각이 미쳤다.

1   실제로 여성의 출산 이후 경제활동에 어떤 영향을 미치는지 확인이 필요했다. 경제활동과 직접적으로 연결돼 있는 고용률을 알아보려고 한다.

2   여성의 고용률이 예전보다 높아졌다고 하는데 실제로도 그런지 확인해야 한다. 2009년과 2019년의 데이터를 비교해 고용률의 변화를 확인해 보려고 한다.

3   남성의 경우도 출산 시기에 따라 고용률에 변화가 있을까? 또는 다른 연령대에서의 고용률에도 변화가 있을까? 같은 시기의 남성 고용률과 여성 고용률을 비교해 어떤 부분에서 차이가 있는지 확인한다.

꺾은선 그래프는 일정 기간 동안 데이터의 변화를 점과 선의 흐름으로 보여주는 그래프입니다. 시간이나 연령대 같은 항목의 변화에 따라 변하는 수치를 한눈에 파악할 수 있습니다. 이 수치가 어느 구간에서 낮은지, 높은지를 보고 데이터의 특징을 분석할 수 있습니다. 예를 들어, 연령대별로 나열된 고용률 데이터를 시각화해 봅니다. 데이터의 흐름을 표현해야 하니 우선 꺾은선 그래프로 설정하고 어떤 부분을 파악해야 할지 생각합니다.

현재와 과거의 여성 고용률이 궁금할 수 있고, 같은 연도의 남녀 고용률의 차이가 궁금할 수 있습니다. 이 항목들을 꺾은선 그래프로 비교하려면 어떤 편집 방법을 사용해야 할까요?

Data visualization

꺾은선 그래프

꺾은선 그래프는 특정 시점의 데이터 변화를 연결된 선으로 표현한 그래프입니다. 여러 개의 항목을 선으로 만들거나 점(마커)을 추가해 데이터를 강조할 수도 있습니다.

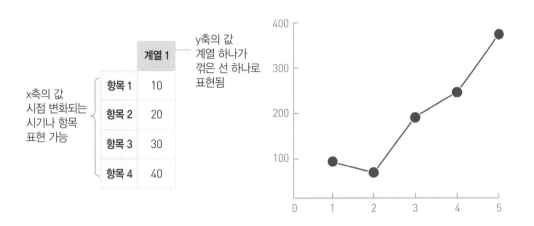

데이터 시각화의 키포인트

연령대별 고용률
출처 : 통계청(2020), 2020 통계로 보는 여성의 삶, 32쪽.
*남성 고용률의 경우 KOSIS 홈페이지에서 재구성

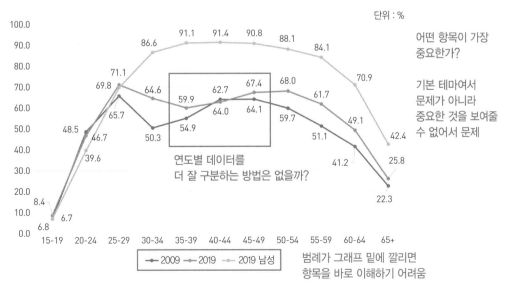

앞서 예시로 든 그래프는 통계청에서 발표한 데이터를 그래프로 변형한 것입니다. 이처럼 파워포인트의 차트 기능을 이용해 숫자의 나열을 그래프로 만들고 나면 그것만으로도 뭔가 완성한 기분을 느낍니다.

하지만 이것이 습관이 되면 좀 더 나은 디자인을 하기가 어렵습니다. 가장 큰 문제는 어떤 데이터가 중요한지 파악하기 어렵다는 데 있습니다. 그 이유는 꺾은선 그래프의 모든 항목이 각각 같은 색상, 같은 크기의 마커, 같은 스타일의 데이터 수치(데이터 레이블이라고도 함)를 갖고 있기 때문입니다. 만약 이 데이터로 남녀 사이의 연령별 고용률 차이를 보여주고 싶다면 이 그래프로는 부족함을 느끼게 될 것입니다.

STEP 2

최적의 그래프 완성

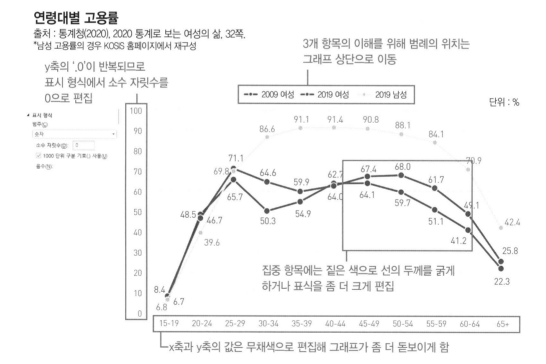

연령대별 고용률
출처 : 통계청(2020), 2020 통계로 보는 여성의 삶, 32쪽.
*남성 고용률의 경우 KOSIS 홈페이지에서 재구성

연령대별 고용률

출처 : 통계청(2020), 2020 통계로 보는 여성의 삶, 32쪽.
*남성 고용률의 경우 KOSIS 홈페이지에서 재구성

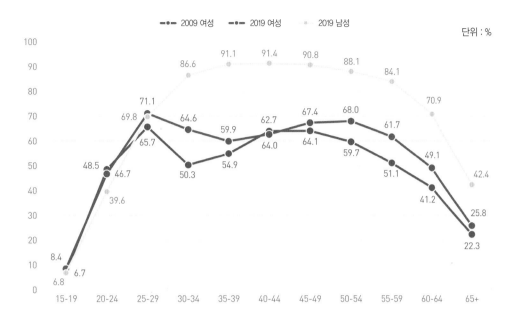

위 그래프의 비교군은 2009년과 2019년의 여성, 2019년의 여성과 2019년의 남성의 두 가지로 나눌 수 있습니다. 둘 중에서 우선 2009년과 2019년의 여성 연령대별 고용률을 비교하기 위해 해당 항목에 색을 적용했습니다. 또한 항목의 데이터 레이블에도 같은 색을 적용해 서로 데이터가 겹치는 40~44세 구간에서 정확하게 데이터가 구분돼 보이도록 했습니다. 2019년의 남성 항목 그래프는 다른 두 그래프와 구분이 되도록 무채색으로 변경했습니다. 이렇게 각 항목에 일정한 색을 적용하면 각 집단이 확실하게 구분돼 보입니다.

데이터 레벨 업

이전 단계에서는 차트의 기능을 이용해 꺾은선 그래프를 편집하는 방법을 알아봤습니다. 차트의 색을 편집하는 기능을 이용해 항목 간을 구분했는데 이 방법 외에 좀 더 확실하게 그룹을 구분하는 방법은 없을까요? 한번 알아보도록 하겠습니다.

앞서는 그래프의 전체 항목을 한번에 보여주기 위해 일괄적으로 범례를 그래프 상단에 뒀습니다. 하지만 여러 개의 꺾은선 그래프가 겹쳐 있는 상황에서 조금 떨어져 있는 범례와 특정 항목의 그래프를 매칭하기는 어려워 보입니다.

이럴 경우에는 범례를 직접 그리는 방법도 고려해 볼 만합니다. 파워포인트를 이용하는 경우에는 글상자만 그리면 됩니다. 글상자에 각각의 범례를 입력한 후 그래프 옆에 직접 배치하면 됩니다. 이때 범례 텍스트들을 각 그래프 항목의 데이터 레이블과 같게 디자인해 주면 통일감을 줄 수 있습니다.

수정한 그래프의 완성본은 다음과 같습니다. 여기에 그래프 배경을 세로선이 보이도록 편집하면 각 연령대의 그룹별 비교를 좀 더 쉽게 할 수 있습니다.

연령대별 고용률

출처 : 통계청(2020), 2020 통계로 보는 여성의 삶, 32쪽.
*남성 고용률의 경우 KOSIS 홈페이지에서 재구성

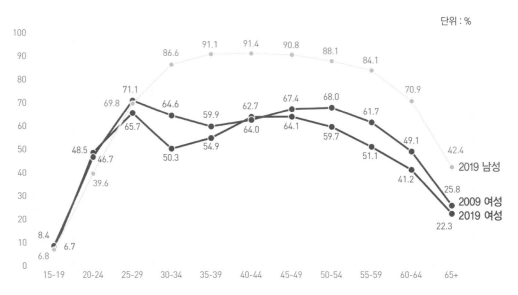

데이터 시각화 완성본에서 데이터 읽기

완성한 그래프에서 가장 눈에 띄는 부분은 여성 항목과 남성 항목의 차이입니다. 25~29세 구간까지는 세 그룹이 크게 차이가 없으나 30~34세 구간부터는 차이가 벌어집니다. 남성 고용률의 경우에는 꾸준히 상승세를 보이지만 여성 고용률의 경우에는 30~34세 구간에서 현저히 하락하다가 다시 상승합니다. 하락 정도는 2009년의 여성의 경우가 더 큽니다.

여성 고용률이 남성 고용률과 다르게 크게 하락하는 시기는 2019년의 경우 30~34세, 35~39세 그리고 55~59세 이후입니다. 2009년에는 35~39세 연령대에서 고용률이 조금 상승하는 것으로 보이지만 2019년에는 계속 하락하다가 40~44세 구간에서 상승하는 것을 볼 수 있습니다. 이것은 일신상의 이유로 휴직했다가 복직하는 시점을 의미하기도 합니다.

한창 일할 시기인 30대의 고용률이 떨어지는 것은 문제 상황입니다. 주로 출산과 육아가 맞물리는 시기이므로 이 시기 여성들의 고용률을 유지하는 대책이 강구돼야 하고, 좀 더 장기적으로 보면 65세 이상에서 고용률이 하락하는 문제도 대비해야 할 것으로 보입니다.

꺾은선 그래프는 특정 시점에서의 데이터 변화를 연결된 선으로 나타내므로 그래프가 다루는 기간 전체를 확인해 봐야 합니다. 특히 예시 자료의 경우 기간이나 항목이 다르므로 같은 시기에 각각의 데이터가 어떻게 변화하는지 확인해 보면 좀 더 유용한 메시지를 얻을 수 있을 것입니다.

참고로 사회 이슈를 다루는 데이터는 시간에 따른 변화가 생기므로 시간에 따른 데이터의 변화를 확인하는 과정이 필요합니다. 예시로 사용한 한국의 여성 고용률 데이터가 특정 연령대에서 하락했다가 다시 상승하는 현상을 M자 곡선이라고 부릅니다. 2022년 통계청의 같은 데이터는 30대의 여성 고용률이 상승하고 있으며, 경제활동 참가율이 하락하는 저점이 40대로 이동하는 변화를 보여줍니다. 이는 여성의 경제활동참가율이 증가하는 한편 궁극적으로는 저출산 현상의 심화로도 연결될 수 있음을 뜻합니다.

출처 : KDI 현안분석, 30대 여성 경제활동참가율 상승의 배경과 시사점, 김지연 경제전망실 동향총괄
https://www.kdi.re.kr/research/analysisView?art_no=3519

파워포인트로 구현하기

■ 꺾은선 그래프의 서식 편집하기

• 그래프를 클릭한 후 [서식] – [선택 영역 서식]을 선택합니다.

• [데이터 계열 서식]의 [선]에서 선 그래프의 두께, 색 등을 지정할 수 있습니다.

• 특정 시점의 데이터를 표현하는 기호를 '표식'이라고 하는데 [표식]에서 채우기, 윤곽선 상태들을 지정할 수 있습니다.

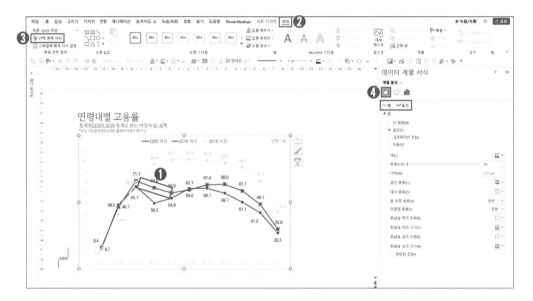

② 데이터 레이블 편집

• 그래프 위에서 숫자를 직접 표현하는 것을 데이터 레이블이라고 합니다. 그래프를 클릭한 후 [차트 디자인] – [차트 요소 추가] – [데이터 레이블]에서 숫자를 나타나게 할 수 있습니다.

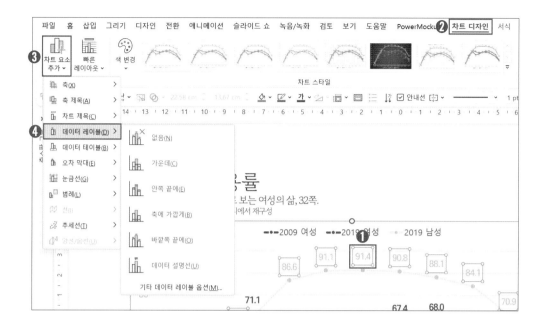

3 범례의 위치 편집

- 그래프의 각 항목을 나타내기 위해 범례를 사용합니다. 그래프를 클릭한 후 **[차트 디자인]** − **[차트 요소 추가]** − **[범례]**를 선택합니다.

- 정해진 위치는 없으나 그래프를 읽기 전에 항목을 쉽게 구분할 수 있도록 보통 그래프의 위쪽이나 오른쪽으로 지정합니다.

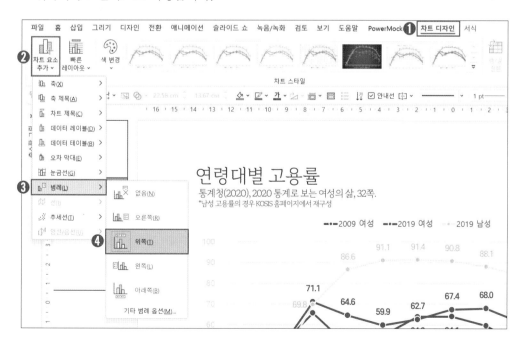

수량 비교를 위한
시각화

그룹별 기대수명 이해하기

한걸음은행은 고객들의 노후 준비에 도움이 되는 금융상품을 준비 중이다. 본격적으로 금융상품을 영업하기 전에 SNS를 통해 노후 준비 방법에 대한 홍보 캠페인을 벌이려고 한다. 홍보 자료 제작을 맡은 조설아 사원은 다른 나라들의 기대수명과 그에 대비한 각 국가의 노후 대책들을 소개하고자 한다.

1   전 세계 국가의 데이터를 비교하는 것은 큰 의미가 없으므로 전 세계 국가 중 가장 기대수명이 높은 상위 그룹, 중간 그룹, 하위 그룹으로 대표군을 뽑아 기대수명을 파악하려고 한다.

2   기대수명 기준이기 때문에 다른 특징으로 국가들을 구분하거나 그룹 외의 국가들을 표시할 필요는 없다.

 데이터 시각화에는 시간별, 지역별, 계급별 등으로 수량을 비교하는 방법이 필요합니다. 가장 많은 상황에서 등장하는 비교이므로 수량 비교에 사용하는 그래프들은 다른 그래프에 비해 사용 빈도가 높습니다.

Data visualization

막대 그래프

막대 그래프는 막대의 길이나 높이로 데이터의 수량을 표현한 그래프입니다. 직사각형으로 표현하는 것이 대부분이나 끝부분을 원형으로 변형한 롤리팝 차트로도 사용이 가능합니다. 데이터 레이블이나 항목명의 길이에 따라 가로나 세로 방향으로 편집합니다.

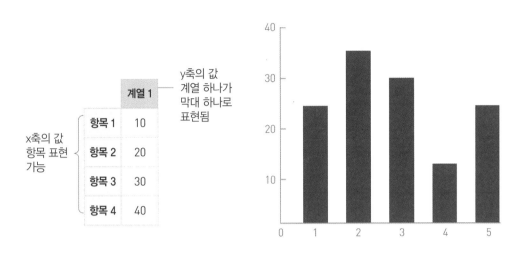

막대 그래프를 활용해 각 나라의 기대수명을 나타내는 그래프를 편집해 보려고 합니다. 각 나라에서는 보건이나 의료정책의 수립과 인명피해 보상비 산정의 기초자료 및 장래인구 추계 작성, 국가·지역 간 경제·사회·보건수준 비교의 기초자료로 활용하기 위해 기대수명을 기록하고 있습니다.[*]

특히 우리나라는 고령화 사회에 대한 대비가 시급합니다. 우리나라뿐만 아니라 비슷한 상황에 있는 국가들을 비교해 보고 적절한 대응 방법이 있는지 분석하기 위해서라도 이런 데이터들이 필요합니다.[**]

국가별로 변화하는 기대수명을 직접 비교할 수 있는 그래프로 막대 그래프를 선택했습니다. 원본의 자료는 약 200개 국가의 기대수명을 나열했으나 그 많은 데이터로는 국가 상황과 기대수명 간의 관계를 간결하게 시각화하기가 어려워 상위 5개국, 중위 5개국, 하위 5개국 의 국가들을 뽑아서 각 그룹 간 기대수명을 비교해 봤습니다. 특정 국가의 상황을 디테일하게 보기는 어렵지만 그룹화를 통해 특정 구간의 기대수명을 가진 국가 간의 대표적인 특징을 파악할 수 있을 것입니다.

*출처 : e−나라지표− https://www.index.go.kr/potal/main/EachDtlPageDetail.do?idx_cd=2758

**출처 : 자료관리 : 통계서비스정책관 통계서비스기획과, 2100, 2022. 11. 14, 기대수명 https://kosis.kr/statHtml/statHtml.do?orgId=101&tblId=DT_2KAA209&conn_path=I2

기대수명순 나라목록(2018)

UN, 1~5위 | 110~114위 | 220~224위

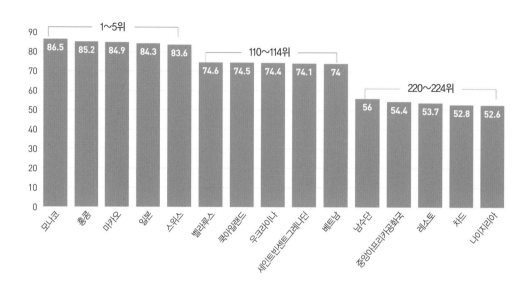

STEP1

데이터 시각화의 키포인트

기대수명순 나라목록(2018)

UN, 1~5위 | 110~114위 | 220~224위

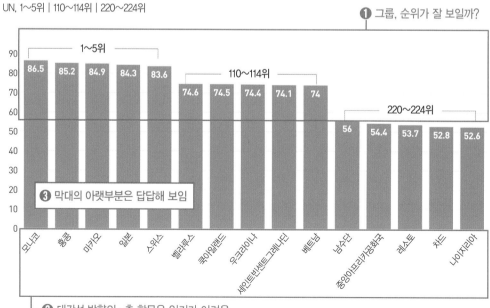

❶ 그룹, 순위가 잘 보일까?

❸ 막대의 아랫부분은 답답해 보임

❷ 대각선 방향의 x축 항목은 읽기가 어려움

❶ 막대 그래프 위에 선을 따로 그려서 순위를 표시하는 방법을 사용했는데 그래프에서 바로 순위 구분이 되지는 않습니다.

❷ 국가들의 이름이 다 다르고 중간에는 글자수가 많은 경우들이 있다 보니 x축 항목이 기울어져 있습니다. 항목명 중 연도처럼 반복되는 부분도 없어서 좀 더 효과적인 해결 방법을 찾아야 합니다.

❸ 막대 끝의 위치로 수량을 비교하는 막대 그래프이다 보니 데이터가 시작되는 막대의 아랫부분이 답답해 보입니다. 같은 단어가 반복되면 생략이 가능한데 막대 그래프 기준으로 해결 방법을 찾아야 합니다.

막대 그래프에서 가장 많이 나타나는 문제 또는 습관적 오류는 x축 항목의 방향이 기울어지는 것입니다. 특히 한정된 공간에 막대 그래프를 배치한 경우 너비를 줄이느라 x축 항목명의 방향이 자동으로 기울어질 때가 있습니다. 이렇게 기울어진 항목명은 길이가 길수록 가독성도 떨어지고 복잡해 보입니다.

★ 위 그래프는 잘못 사용된 예시입니다. 세로 방향의 막대 그래프가 억지로 좁게 들어가면서 x축 값의 가독성이 떨어지는 현상을 보여줍니다.

최적의 그래프 완성

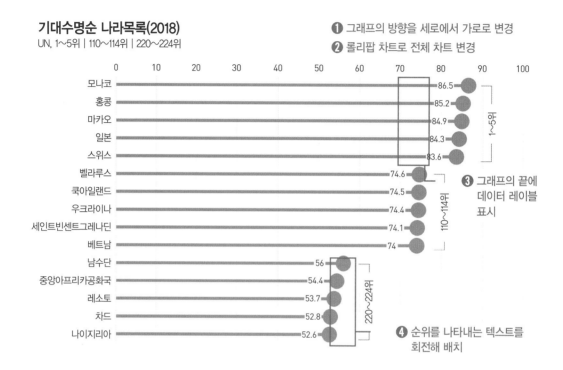

기대수명순 나라목록(2018)
UN, 1~5위 | 110~114위 | 220~224위

❶ 그래프의 방향을 세로에서 가로로 변경
❷ 롤리팝 차트로 전체 차트 변경

❸ 그래프의 끝에 데이터 레이블 표시

❹ 순위를 나타내는 텍스트를 회전해 배치

❶ 막대의 방향을 세로형에서 가로형으로 변경했습니다. x축 항목의 길이가 너무 길 때 활용하는 방법으로 가독성이 훨씬 좋아졌습니다.

❷ 반복되는 막대 그래프는 답답한 느낌이 있어서 롤리팝 차트 식으로 변경했습니다. 막대의 시작 부분은 얇게, 끝부분은 동그랗게 표시해 주는 방법입니다. 수량이 표시되는 부분에 집중하면서 전체 길이도 파악할 수 있습니다.

❸ 기대수명을 나타내는 수치는 그래프의 안쪽(끝)에 배치했습니다. 상대적으로 잘 보이는 그래프 오른쪽 바깥 부분에 배치하는 것도 가능하지만 원래의 그래프에 데이터 레이블의 길이까지 전체 그래프로 인지할 수 있으므로 추천하지 않습니다. 데이터 레이블의 배경은 흰색으로 해서 선을 끊는 효과, 즉 데이터 레이블을 보는 데 방해되지 않도록 편집합니다.

❹ 순위 표시는 그래프의 방향이 바뀌면서 어울리도록 회전해 줬습니다. 파워포인트의 경우 '회전하기' 기능으로 쉽게 편집할 수 있습니다.

롤리팝 차트의 특이한 형태에 시선이 가겠지만 더 중요한 편집 포인트는 막대 그래프의 방향을 가로로 변경한 것입니다. 상대적으로 좁은 x축의 공간을 좀 더 넓게 사용할 수 있습니다. (막대 그래프에서 데이터 레이블은 가능한 한 그래프 안쪽 끝에 배치해 데이터의 왜곡이 일어나지 않도록 합니다. 그래프의 방향에 상관없이 모두 적용 가능한 방법입니다.)

롤리팝 차트 편집 전에 가로형의 막대 그래프로 편집한 버전은 다음과 같습니다. 기본형의 가로형 그래프 스타일이 필요하다면 참고하기를 바랍니다.

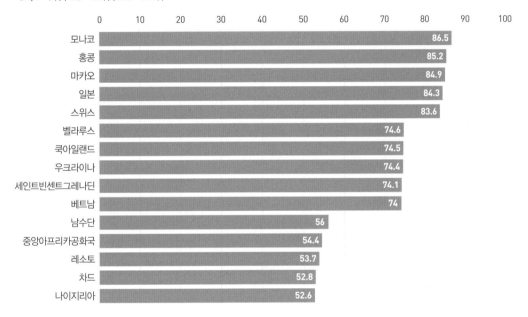

기대수명순 나라목록(2018)
UN, 1~5위 | 110~114위 | 220~224위

데이터 레벨 업

이번 단계에서는 순위 그룹을 구분하는 방법을 좀 더 발전시켜 보겠습니다.

이번 단계 그래프의 가장 큰 특징은 상위, 중위, 하위 그룹으로 나뉜다는 점입니다. 각 순위 그룹에 들어가는 그래프에 표시를 해서 순위 그룹을 한눈에 파악한다면 이해가 좀 더 쉬울 것입니다.

색으로 그룹을 구분하는 방법을 사용해 각 그룹에 특정 색을 부여하겠습니다. 1~5위 그룹은 청록색, 110~114위 그룹은 보라색, 220~224위 그룹은 주황색을 적용했습니다.

색은 그래프가 있는 영역, 즉 그래프의 배경에 적용합니다. 배경에 직사각형이나 막대 그래프를 그려서 그룹별로 다른 색을 적용할 수도 있습니다.

순위를 나타내는 텍스트는 배경 끝에 배치하고 좀 더 두껍게 편집했습니다. 텍스트를 흰색으로 편집한 후 텍스트 컬러에 투명도를 적용하면 배경색과 통일된 텍스트 색을 얻을 수 있습니다.

기대수명순 나라목록(2018)
UN, 1~5위 | 110~114위 | 220~224위

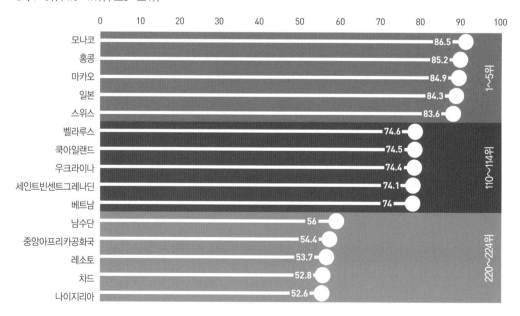

파워포인트로 구현하기

1 오차 막대 사용하기(롤리팝 차트 기본형 만들기)

• 편집하려는 그래프의 막대 부분을 클릭한 후 [차트 디자인] – [차트 요소 추가]를 선택합니다.

• [오차 막대]에서 [백분율]을 선택해 생긴 오차 막대를 선택합니다.

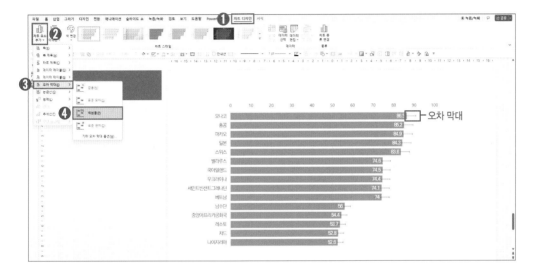

• 오차 막대를 클릭한 후 [서식] – [선택 영역 서식]을 선택합니다.

• 방향은 '음의 값', 끝 스타일은 '끝 모양 없음', 오차량은 '백분율 100%'로 지정합니다.

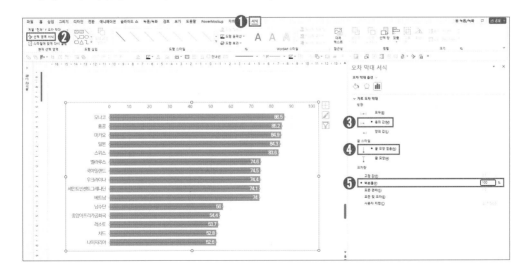

[채우기 및 선]에서 '실선', '두께-4.5pt', '화살표 머리 유형-타원 화살표'로 지정합니다.

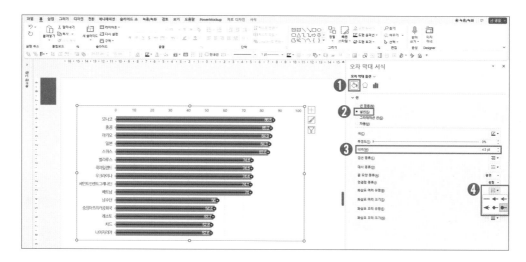

막대 그래프와 데이터 레이블의 서식을 편집해 롤리팝 차트를 완성합니다.

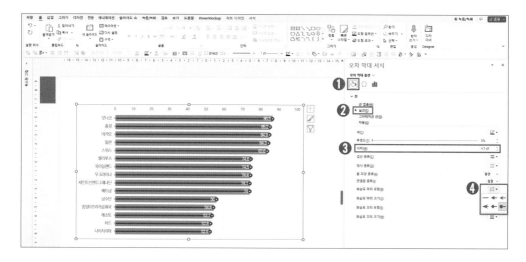

2 그래프의 배경 만들기

그래프를 클릭한 후 [차트 디자인] - [데이터 편집]을 선택해 계열 하나를 더 추가합니다. 값은
모두 '95'로 입력합니다.

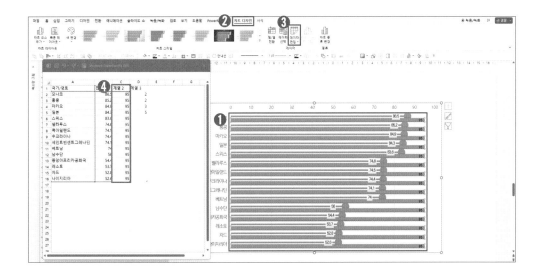

- 새롭게 생긴 막대를 클릭한 후 **[서식] – [선택 영역 서식]**을 선택합니다.
- '계열 겹치기-100%', '간격 너비-0%'를 지정합니다.

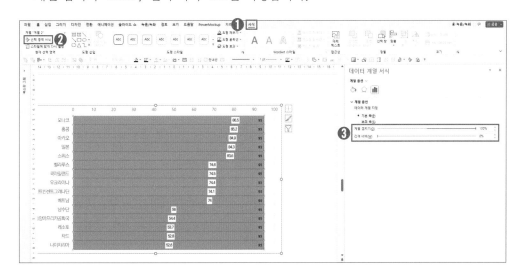

막대의 색과 오차 막대의 색을 조정해 그룹별 배경색이 다른 차트를 완성합니다.

CHAPTER

4

데이터의 추이와 설명 시각화

평생 직장에 대한 의심

"평생 직장은 존재하는가?" 너울그룹의 인사부 소속인 유우주 사원은 이 질문에 의심이 생긴다. 그 이유는 대기업이지만 퇴사율이 점점 높아지고 있기 때문이다. 퇴사율이 높아지는 근본적인 이유와 대책을 찾다 정규직 외에도 너울그룹과 함께 일하는 근로자들에 대해 궁금증이 생겼다. 이들의 근속기간이 어떻게 변화하고 있는지를 파악해 이들과도 오래 일할 수 있는 방법을 생각해 볼 것이다.

1   근로형태의 구분은 통계청의 기준 등에서 찾아볼 수 있다. 정규직을 제외하고 눈에 띄는 변화를 보인 두 가지의 근로형태인 반복갱신과 특수형태에서 일정 기간 동안의 근속기간 변화를 시각화해야 한다.

2   지금까지의 근속기간의 증가와 감소에 특정 이유가 있다면 그것도 자료에 추가하고, 가능한 한 그래프와 동떨어지지 않게 표현하도록 고민해야겠다.

꺾은선 그래프에서는 흔히 데이터의 추이만 알 수 있다고 생각하지만 어떤 경우에는 특이한 시점에 대한 설명을 추가해야 할 때가 있습니다.
이것은 그래프만으로는 설명하기 어려운 외부적 요인이 있는 경우가 있기 때문입니다. 이때는 복잡한 이미지나 도식을 사용하기보다는 텍스트로 설명하는 것이 가장 깔끔합니다. 그래프에 설명을 추가하는 방법을 사례를 통해 설명하겠습니다.

Data visualization

꺾은선 그래프

꺾은선 그래프는 선으로 편집하기도 하지만 데이터가 발생한 시점을 강조하기 위해 표식을 추가하기도 합니다. 표식의 색, 형태, 크기를 바꿔서 그래프의 항목을 구분하거나 강조하고 선이 겹칠 경우 표식을 반투명하게 편집해 구분할 수 있게 합니다.

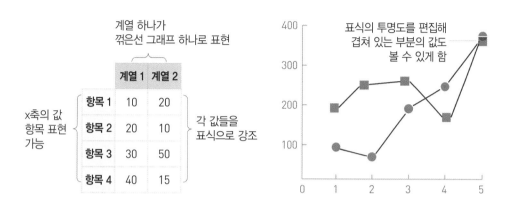

2003~21년까지의 근로형태별 평균 근속기간 추이를 그래프로 편집해 봤습니다.

실제 근로 형태는 정규직과 비정규직 등으로 좀 더 세밀하게 나뉩니다. 이 중 비정규직에서 변화를 보인 반복갱신과 특수형태 근로자의 평균 근속기간 추이를 꺾은선 그래프로 표현했습니다.*

근로형태별 평균 근속기간 추이
출처 : 통계청, 『경제활동인구조사 근로형태별 부가조사』, 각 연도 8월
단위 : 개월

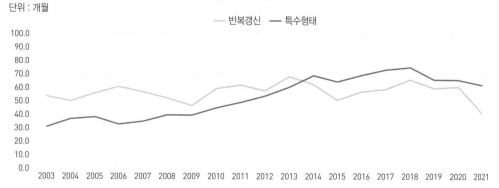

반복갱신 근로자
근로계약기간을 정하지 않았으나 계약의 반복갱신으로 계속 일할 수 있는 근로자, 2021년에는 전 해에 비해 큰 폭으로 근속연수 하락

특수형태 근로자
독자적인 사무실, 점포 또는 작업장을 보유하지 않으면서 비독립적인 형태로 업무를 수행하지만 근로제공 방법, 근로시간 등을 독자적으로 결정하고 개인적으로 모집·판매·배달·운송 등의 업무를 통해 고객에게 상품이나 서비스를 제공하고 그 대가로 소득을 얻는 근무형태의 근로자, 2014년 이후 정규직 다음으로 근속기간을 길게 유지

*출처 : 통계청, 『경제활동인구조사 근로형태별 부가조사』, 각연도 8월

데이터 시각화의 키포인트

근로형태별 평균 근속기간 추이
출처 : 통계청, 『경제활동인구조사 근로형태별 부가조사』, 각 연도 8월
단위 : 개월

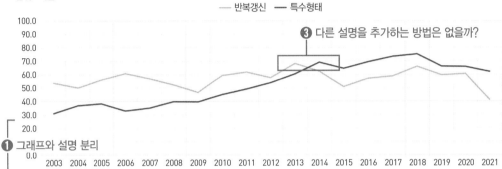

❸ 다른 설명을 추가하는 방법은 없을까?

❶ 그래프와 설명 분리

반복갱신 근로자
근로계약기간을 정하지 않았으나 계약의 반복갱신으로 계속 일할 수 있는 근로자. 2021년에는 전 해에 비해 큰 폭으로 근속연수 하락

특수형태 근로자
독자적인 사무실, 점포 또는 작업장을 보유하지 않으면서 비독립적인 형태로 업무를 수행하지만 근로제공 방법, 근로시간 등을 독자적으로 결정하고 개인적으로 모집·판매·배달·운송 등의 업무를 통해 고객에게 상품이나 서비스를 제공하고 그 대가로 소득을 얻는 근무형태의 근로자. 2014년 이후 정규직 다음으로 근속기간을 길게 유지 **❷ 용어 설명과 현황이 섞여 있음**

❶ 레이아웃에서 보이는 가장 큰 특징은 그래프와 텍스트 부분이 떨어져 있다는 점입니다. 문서 편집 시 이런 방식이 무조건 틀린 것은 아니지만 그래프와 텍스트 부분이 떨어져 있는 경우 그래프의 정보를 직관적으로 판단하기가 어렵습니다.

❷ 내용상에서는 어떨까요? 얼핏 보면 반복갱신 근로자와 특수형태 근로자라는 글씨가 두껍게 처리돼 있기 때문에 용어 설명으로 보기 쉽습니다. 그러나 후반부에 있는 '2021년에는 전 해에 비해 큰 폭으로 ~', '2014년 이후 ~' 등은 그래프에 대한 설명으로 내용이 섞여 있는 것을 알 수 있습니다. 내용의 성격에 따라 용어와 그래프 설명을 분리해야 합니다.

❸ 그래프에서 표시할 부분들이 있습니다. 2013~14년 전후의 근속기간 차이나 각 항목의 최댓값과 최솟값에 대한 설명 등이 그것입니다. 이 설명들을 그래프에 직접 강조해 표현해야 합니다.

데이터 시각화에서 그래프를 사용하는 것은 이해도와 집중도를 높이기 위해서이지만 적절한 설명이나 텍스트가 없을 경우 그래프들을 이해하기 어려울 때가 종종 있습니다. 그래서 적절한 설명 또한 데이터 시각화의 일부로 활용합니다.

최적의 그래프 완성

근로형태별 평균 근속기간 추이
출처 : 통계청, 「경제활동인구조사 근로형태별 부가조사」, 각 연도 8월
단위 : 개월

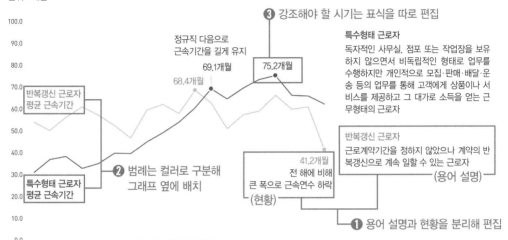

❶ 그래프에서 현황을 설명하는 글은 그래프의 내부, 용어를 설명하는 글은 그래프의 바깥에 배치했습니다. 텍스트가 너무 길면 읽기가 어려우므로 그래프의 오른쪽에 배치하는 방법을 사용했습니다.

❷ [반복갱신 근로자] 항목에 해당되는 개체들은 노란색 계열, [특수형태 근로자] 항목에 해당되는 개체들은 파란색 계열로 편집해 구분이 좀 더 쉽도록 했습니다. 항목의 색을 범례에도 적용해 각 그래프 위에 직접 표기했습니다. 그래프 간의 구분이 좀 더 명확해졌습니다.

❸ 설명에 추가된 시점의 표식을 따로 편집하고 설명을 함께 배치했습니다.

이 과정에서 가장 눈에 띄는 것은 레이아웃의 변화입니다.

그래프에서 집중해야 하는 부분에는 설명을 입력하고, 용어 설명은 그래프를 가로 방향으로 축소해 생기는 공간에 배치했습니다. 항목 수가 적은 꺾은선 그래프의 경우 굳이 그래프가 슬라이드의 가로 방향 전체를 차지할 필요가 없다고 생각했기 때문입니다.

항목별로 사용할 색을 정해 놓으면 구분이 좀 더 쉽습니다. 노랑과 파랑처럼 확연히 구별되는 색으로 범례, 선, 표식, 데이터 레이블 등을 표시해 구분할 수 있습니다.

데이터 레벨 업

이번 단계에서는 '**특수형태 근로자**'의 근속기간 증가에 초점을 맞춰 보겠습니다.

꺾은선 그래프는 구간별로 서식을 다르게 설정할 수 있습니다. 즉, 증가기간과 감소기간의 선을 다른 색으로 설정해 강조할 수 있습니다.

이렇게 특정 항목이나 구간을 강조할 때는 강조하는 구간에 색을 넣는 것도 필요하지만 덜 강조해야 하는 구간에 색을 빼는 것도 필요합니다. 대표적으로 무채색의 경우 회색 계열의 색을 배경이나 덜 중요한 항목에 사용해 강조 효과를 줄 수 있습니다.

근로형태별 평균 근속기간 추이
출처 : 통계청, 「경제활동인구조사 근로형태별 부가조사」, 각 연도 8월
단위 : 개월

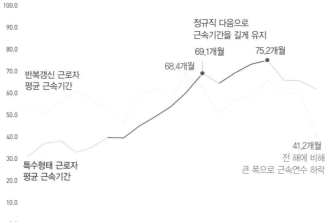

특수형태 근로자
독자적인 사무실, 점포 또는 작업장을 보유하지 않으면서 비독립적인 형태로 업무를 수행하지만 개인적으로 모집·판매·배달·운송 등의 업무를 통해 고객에게 상품이나 서비스를 제공하고 그 대가로 소득을 얻는 근무형태의 근로자

반복갱신 근로자
근로계약기간을 정하지 않았으나 계약의 반복갱신으로 계속 일할 수 있는 근로자

파워포인트로 구현하기

1 한 가지 색에서 여러 가지 개체의 색 만들기

• 색을 변경하려는 개체(텍스트, 그래프, 도형 등)를 선택합니다.

• 색을 바꾸는 메뉴의 경로는 다르나 구성은 비슷합니다. 해당 메뉴의 **[스포이트]**를 선택합니다.

도형 채우기 색을 스포이트로 찾을 때

도형을 선택한 후 **[도형 서식]**(그리기 도구 서식) – **[도형 채우기]** – **[스포이트]**를 선택합니다.

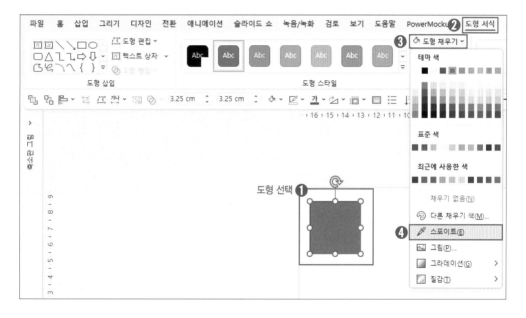

텍스트의 색상을 스포이트로 찾을 때

텍스트를 선택한 후 [홈] – [글꼴색] – [스포이트]를 선택합니다.

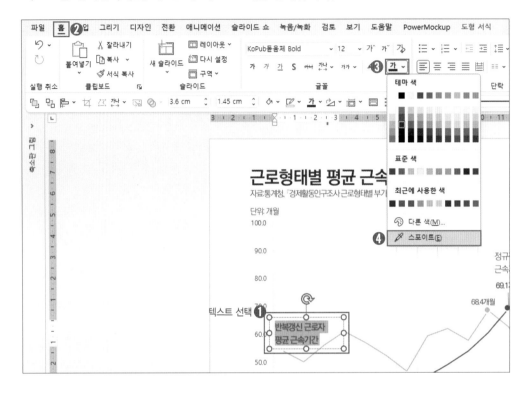

그래프 개체의 색상을 스포이트로 찾을 때

그래프 개체를 선택한 후 [서식] – [선택 영역 서식]을 선택하고 [데이터 요소 서식]의 [채우기 및 윤곽선]에서 '선'이나 '표식', [채우기]에서 [스포이트]를 선택합니다.

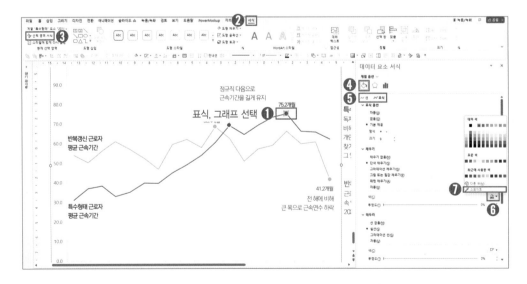

- 마우스 커서가 스포이트로 바뀌면 사용하고 싶은 색이 있는 지점을 선택합니다.
- 같은 색이 텍스트에 사용될 경우에는 같은 경로에서 **[다른 색]**을 선택해 **[색]** 메뉴를 불러냅니다. 그런 다음 화살표를 아래로 내려서 좀 더 색을 어둡게 만들어 텍스트에 적용합니다.

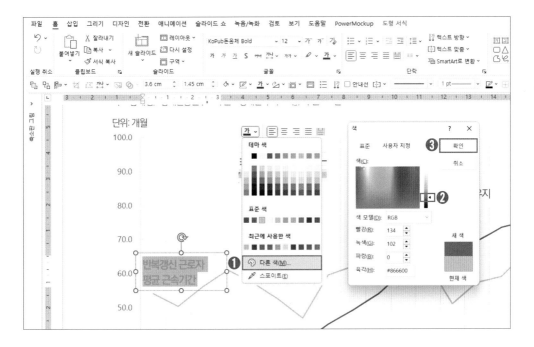

2 꺾은선 그래프의 표식 편집하기

- 꺾은선 그래프의 표식을 옵션으로 편집할 수 있습니다.
- 원하는 지점의 표식을 선택한 후 **[서식]** – **[선택 영역 서식]** – **[채우기 및 선]**을 선택합니다.
- **[표식]**을 클릭해 나타나는 메뉴에서 표식의 모양, 크기, 테두리 옵션 등을 지정할 수 있습니다.

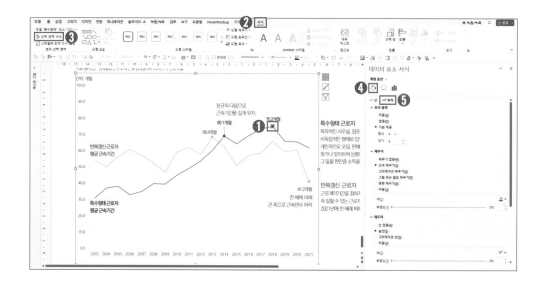

[선]에서 클릭한 표식 앞부분까지의 선의 색, 실선, 점선 옵션, 두께 등을 정할 수 있습니다.

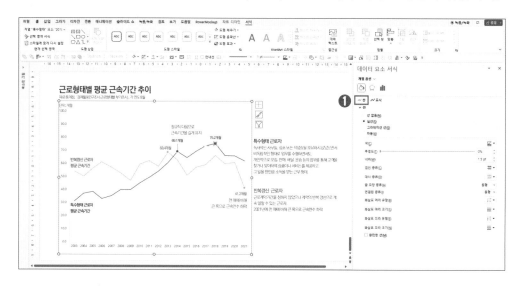

★ 꺾은선 그래프의 선에서도 두께를 편집할 수 있으나 개인적으로 두께 편집을 즐겨하지 않는 편입니다. 정
   확히 말하면 그래프의 특정 부분을 강조할 경우 한 가지의 옵션으로 편집하는데 색에 변화를 주거나 실선
   과 점선의 차이 등으로만 변화를 줍니다. 여러 옵션이 한꺼번에 적용되면 어떤 부분을 강조하려는 것인지
   의미가 모호해질 수 있기 때문입니다.

MEMO

CHAPTER

5

데이터의 구성과 비율 시각화

어떤 식품에 지출하고 있을까?

누리식품의 해외사업부에 근무 중인 김종현 사원은 내년 누리식품의 미국진출을 앞두고 가공식품류를 재정비하고 판매전략을 세우느라 고심하고 있다. 해외사업부의 양버들 팀장은 김종현 사원에게 미국 시장 분석을 위해 식료품 지출과 관련해 현지 상황을 정리할 것을 요청했다.

1   김종현 사원은 미국의 식료품 지출 비용이 시간에 따라 어떻게 변화했는지를 가공식품과 자연식품에 소비하는 지출 비율의 변화를 통해 확인하려고한다.

2   가공식품과 자연식품이라는 카테고리 안에 세부적인 식품들을 나열해 비교하고자 한다.

데이터에서는 각자의 범위와 소속관계가 다른 경우가 있습니다. 한달 생활비를 식비, 교통비 등의 범위로 나눠서 비교하기도 하고, 상품을 구매한 소비자들을 연령별로 나눠서 비교하기도 합니다. 이때 전체 데이터를 구성하는 요소와 구성 요소 간의 비율을 시각화해 편집합니다. 특히 숫자로 표현된 데이터를 백분율로 바꾸면 시각화하거나 전체 숫자 범위가 다른 데이터들을 같은 단위로 놓고 파악하기도 용이합니다.
데이터의 구성과 비율을 표현할 때는 대표적으로 파이 그래프를 활용합니다.

Data visualization

파이 그래프

파이 그래프는 원형의 도형에 각 항목의 비율을 반영해 조각낸 형태로 구성한 그래프입니다. 가운데가 비어 있는 도넛형으로도 응용해 사용합니다.

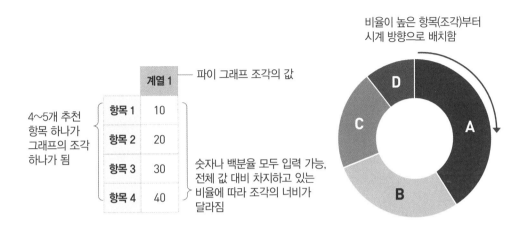

데이터 시각화에 대해 조금이라도 관심을 가져본 분들은 아마 파이그래프를 데이터 시각화에서 쓰면 안되는 것으로 알고 계실지도 모르겠습니다.

식료품 지출 비용 분석
What America Spends On Groceries, 미국 노동통계국
June 8, 2012.

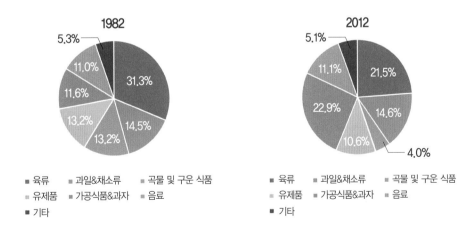

출처 : https://www.npr.org/sections/money/2012/06/08/154568945/what-america-spends-on-groceries

데이터 시각화의 키포인트

다음 그래프는 1982년과 2012년 미국 가구의 식료품 지출 비용을 구성 항목별로 시각화한 것입니다. 육류와 과일&채소류를 포함한 총 7개의 항목 비율이 1982년과 2012년의 30년 동안에 어떤 변화를 겪었는지 보여주기 위한 자료입니다.

식료품 지출 비용 분석
What America Spends On Groceries, 미국 노동통계국
June 8, 2012.

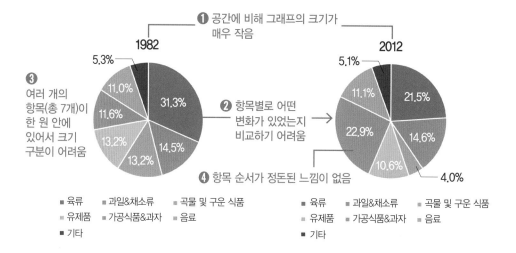

❶ 그래프가 놓인 공간에 비해 원형의 파이 그래프의 크기가 매우 작습니다. 그래프 아래의 범례 공간과 연도가 적힌 공간의 크기까지 고려하다 보니 자동적으로 그래프가 작아진 것입니다.

❷ 두 그래프 간에 항목의 비율 변화가 어떻게 바뀌었는지 한눈에 보기 어렵습니다.

❸ 7개의 식료품 항목을 한 개의 파이 그래프 안에 배치해 중간 순위 항목은 눈에 보이는 크기로는 비율 차이를 파악하기 어렵습니다.

❹ 2012년 그래프의 경우 1982년의 항목 순서를 그대로 반영하다 보니 정돈된 느낌이 들지 않습니다. 항목 순서를 바꿀 경우 항목변화를 비교하기 힘듭니다.

이 그래프에서는 두 시점의 데이터 구성과 비율의 변화를 보여줘야 한다는 점이 중요합니

다. 여러 개의 항목을 파이 그래프에 적용할 경우 항목당 비율 차이를 한번에 알아보기 힘듭니다. 그나마 다행인 것은 파이 그래프 위에 비율이 숫자로 나와 있기 때문에 시간을 할애하면 식료품 구성 항목과 비율을 매칭하는 것이 어렵지는 않습니다. 물론, 끈기 있게 그래프의 항목을 하나하나 비교해 볼 인내심 있는 독자에게나 가능한 이야기입니다.

그럼 이제 그래프를 좀 더 보기 쉽게 바꿔보도록 하겠습니다.

STEP 2

최적의 그래프 완성

식료품 지출 비용 분석
What America Spends On Groceries, 미국 노동통계국
June 8, 2012.

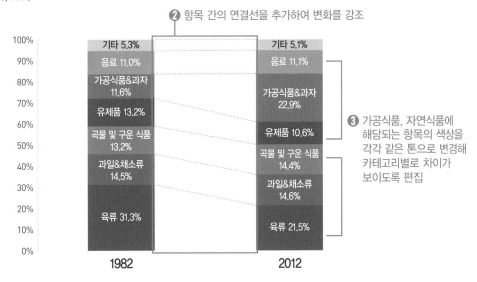

출처: https://www.npr.org/sections/money/2012/06/08/154568945/what-america-spends-on-groceries

❶ 파이 그래프를 누적 막대 그래프로 변경했습니다. 구성 비율 간의 변화를 좀 더 가까운 거리에서 비교해 가며 볼 수 있고 데이터 레이블에 항목명과 비율을 함께 넣어 비교가 가능하도록 했습니다.

❷ 누적 막대 그래프의 옵션으로 연결선을 추가했습니다. [가공식품&과자] 항목의 연결선이 가장 많이 벌어진 것으로 봐 비율의 증가가 컸음을 알 수 있습니다.

❸ 자연식품에 속하는 항목은 파란색 계열, 가공식품에 속하는 항목은 주황색 계열로 편집
해 같은 항목 간에도 카테고리가 나뉘어 있음을 알 수 있게 했습니다.

여러 개의 파이 그래프를 편집해야 하는 상황이라면 가급적 누적 막대 그래프로 변경할 것
을 추천합니다.
가장 큰 이유는 보기에 깔끔해서입니다. 구성 항목이 많을수록 배치하기 어렵기 때문에 벽
돌처럼 쌓는 형태의 그래프를 이용하면 좋습니다.
또한 기존의 항목명은 범례를 통해 항목을 찾아가며 볼 수 있게 했으나 파이 그래프 조각에
비해 글을 배치할 공간을 확보하기 편한 누적 막대 그래프에는 항목명과 데이터 테이블을 동
시에 배치할 수 있습니다. 이렇게 누적 막대 그래프의 데이터 레이블을 이용해 항목명을 입
력해 놓으면 다음에 항목명이나 비율을 수정해야 할 때 훨씬 간편하게 편집할 수 있습니다.

데이터 레벨 업

차트 기능을 사용해 누적 막대 그래프를 그릴 경우 데이터의 수정과 반영이 매우 쉽다는 장점
이 있지만 오피스 프로그램에서 항목의 순서를 마음대로 바꾸기 어렵다는 단점이 있습니다.
이번 단계에서는 좀 더 자유롭게 그래프를 편집하는 방법을 소개하겠습니다.
기존의 누적 막대 그래프를 그린 후 직사각형을 각 항목들을 따라 그려 재배치하는 방법과
점 편집 기능을 이용할 것입니다.
다음 그래프에서는 1982년에 상위를 차지했던 자연식품들이 2012년에는 중간 순위로 밀리
고, 그 자리를 [가공식품&과자] 항목이 차지한 것을 알 수 있습니다.
이렇게 도형을 이용한 그래프 제작 방법은 좀 더 임팩트를 주고 싶거나 원하는 순서나 구성
대로 배치가 필요할 경우에 유용합니다. 그러나 데이터의 수정으로 그래프 편집이 필요할
때 직접 수정해 줘야 하는 점, 데이터 왜곡을 방지하기 위해 원본의 그래프를 따라 그리는
과정이 반드시 필요한 점이 단점이라고 할 수 있습니다. 따라서 상황과 소요시간을 파악해
적절한 제작 방법을 선택해야 합니다.

식료품 지출 비용 분석

What America Spends On Groceries, 미국 노동통계국
June 8, 2012.

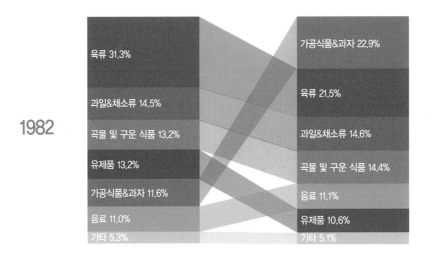

출처: https://www.npr.org/sections/money/2012/06/08/154568945/what-america-spends-on-groceries

파워포인트로 구현하기

1 데이터 레이블에 들어갈 내용 편집하기

- 그래프에 삽입된 데이터 레이블을 클릭한 후 [서식] – [선택 영역 서식]을 선택합니다.
- 데이터 레이블에 들어갈 항목을 체크합니다. 예시 자료의 경우 [계열 이름]과 [값]을 추가했습니다.

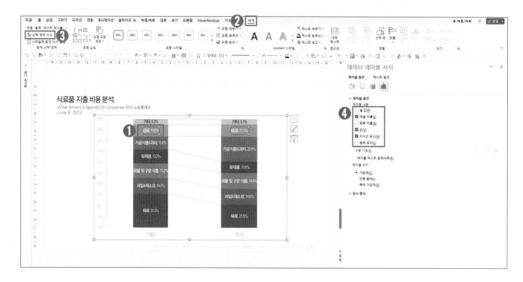

2 누적 막대 그래프를 도형으로 따라 그리기

- 누적 막대 그래프를 선택한 후 〈Ctrl+C〉를 누르거나 마우스 오른쪽 버튼을 클릭해 복사합니다.
- 같은 자리에서 〈Ctrl+V〉를 누르거나 마우스 오른쪽 버튼을 이용해 붙여넣기 합니다.
- 그래프를 붙여넣기 하면 [붙여넣기 옵션]이 나타납니다. 클릭한 후 제일 오른쪽의 [그림]을 선택합니다. 복사한 그래프가 이미지로 변경됩니다.
- 직사각형을 삽입해 복사한 그래프 위를 따라 그려줍니다.

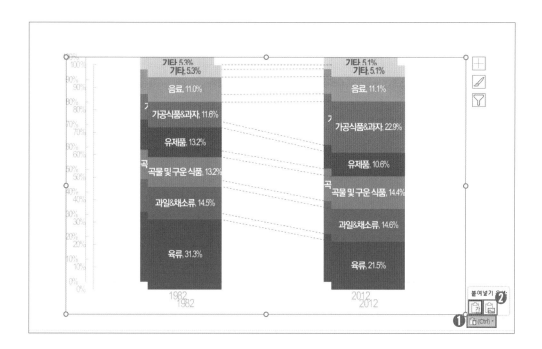

3 점 편집으로 도형 간의 연결 표현하기

- 그래프 사이를 연결하는 직사각형을 그린 후 편집할 도형을 선택하고 **[도형 서식] – [도형 편집] – [점 편집]**을 선택합니다.
- 도형의 바깥 부분에 조절점이 생깁니다. 클릭&드래그해 원하는 방향으로 편집합니다.
- 예시의 경우 두 도형 사이를 연결한 사각형을 점 편집으로 자연스럽게 연결되도록 편집했습니다.

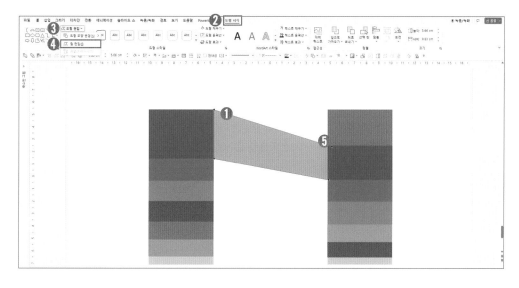

CHAPTER 6

데이터의 관계 시각화

어떤 종사자가 매출을 올리나?

푸른시청의 균형발전 정책 팀에 근무 중인 박훈 주무관은 산업종사자 비율과 매출 간의 관계가 궁금하다. 그 지역에서 근무하는 종사자들은 산업군별로 단독사업체, 본사, 공장이나 지사, 영업소에 근무하는 형태로 나눠져 있다. 만약 이 비율들이 매출과 관련이 있다면 매출을 올리는 데 긍정적인 영향을 주는 종사자 형태의 산업군에 대해서는 지원이 더 확대돼야 할 것이다.

1   산업군별 종사자 비율과 매출액은 통계청에서 조사하고 있으며, 발표기간의 차이 때문에 어느 정도의 시차는 염두해 둬야 한다.

2   그래프뿐만 아니라 실제 수치 계산을 통해 연관관계가 있는지 파악해야 한다. 연관관계는 대략적인 추측만으로는 신뢰를 얻기 어렵기 때문이다.

실무에서는 데이터 간의 연관성을 파악해야 하는 경우가 있습니다. 기후에 따라 판매되는 상품의 특성이라든지, 소비자의 연령에 따라 반응하는 광고 채널이라든지 하는 것들입니다. 이렇게 특정한 경우의 현황을 파악하기 위해서는 여러 가지의 데이터를 다루고, 이를 가장 효율적으로 시각화할 수 있는 방법을 찾아야 합니다. 여러 가지의 데이터들을 한 공간에 배치하는 경우에는 산점도를 많이 활용합니다.

Data visualization

산점도

산점도는 x축과 y축의 값이 교차하는 지점에 점을 찍어 표현한 그래프로 점이 놓인 위치로 데이터 간의 관계나 분포 상태를 파악할 수 있습니다.

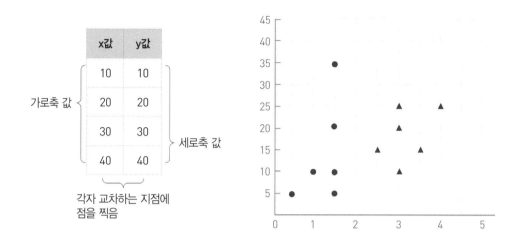

데이터의 상관관계를 분석하기 위해 그래프 외에도 상관계수를 구할 수 있습니다. 엑셀 등의 프로그램을 통해 x축과 y축에 해당되는 값을 입력하면 -1에서 1 사이의 상관계수를 구할 수 있습니다. -1에 가까울수록 음의 상관관계가 강하고, 1에 가까울수록 양의 상관관계가 강하다고 표현합니다.

그러나 상관계수가 높다고 해서 무조건 해당 데이터들이 연관이 있거나 인과관계가 있다고 할 수는 없습니다. 더러는 우연히 같은 비교군에 묶여서 높은 상관계수가 나오는 경우도 있기 때문입니다.

즉, 상관계수는 어디까지나 보조적인 것으로 특정한 이벤트와 관련된 변수를 찾는 것이라고 생각하면 됩니다.

그럼 지금까지의 내용을 바탕으로 데이터의 관계를 시각화한 예시를 살펴보겠습니다. 사업체별로 종사자 수의 비율과 산업군별 매출액을 비교해 보려고 합니다. 다음 그래프에서는 표식 하나가 산업군 하나라고 보면 됩니다. 비교를 위해 원 데이터의 표를 같이 삽입했습니다. 단독사업체, 본사, 공장이나 지사, 영업소 종사자 비율에 따라 산업군의 매출이 어떻게 바뀌는지 살펴보겠습니다.

데이터 시각화의 키포인트

2020년 사업체 구분별 종사자 수와 매출액 비교

출처 : 통계청, 「전국 사업체 조사」
https://kosis.kr/statHtml/statHtml.do?orgId=101&tblId=DT_1K52D08&conn_path=I3

산업군 분류	단독사업체 종사자 수 비율	본사, 본점 종사자 수 비율	공장, 지사(점), 영업소 종사자 수 비율	매출(백만 원)
농업, 임업 및 어업	71%	10%	19%	19,005,954
광업	61%	11%	28%	3,811,991
제조업	62%	18%	20%	1,816,488,828
전기, 가스, 증기 및 공기조절 공급업	57%	9%	34%	142,088,680
수도, 하수 및 폐기물 처리, 원료 재생업	71%	11%	18%	30,381,831
건설업	79%	16%	5%	477,618,019
도매 및 소매업	78%	9%	13%	1,462,009,934
운수 및 창고업	73%	12%	16%	232,910,802
숙박 및 음식점업	88%	2%	10%	151,057,576
정보통신업	65%	22%	13%	196,342,338
금융 및 보험업	14%	27%	58%	1,059,980,914
부동산업	76%	9%	15%	202,700,003
전문, 과학 및 기술 서비스업	54%	25%	21%	252,630,392
사업시설 관리, 사업 지원 및 임대 서비스업	55%	27%	17%	104,080,407
공공행정, 국방 및 사회보장 행정	98%	1%	1%	170,692,813
교육 서비스업	73%	9%	18%	122,225,999
보건업 및 사회복지 서비스업	73%	7%	20%	163,818,059
상관계수	−0.30	0.29	0.24	1.00

2020년 사업체 구분별 종사자 수와 매출액 비교

출처 : 통계청, 「전국 사업체 조사」
https://kosis.kr/statHtml/statHtml.do?orgId=101&tblId=DT_1K52D08&conn_path=I3

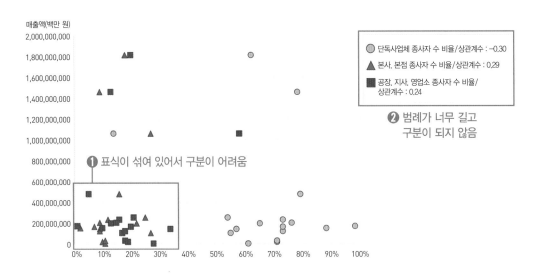

❶ 표식이 섞여 있어서 구분이 어려움

❷ 범례가 너무 길고 구분이 되지 않음

❶ 다른 항목 구분을 위해 표식의 모양을 다르게 편집했지만 이것도 섞여 있어서 구분이 어렵습니다. 항목들끼리 겹치는 구간이 많아서 생긴 현상입니다.

❷ 범례에 항목명과 상관계수가 한꺼번에 들어가다 보니 그래프에 비해 매우 넓은 구간을 차지하고 있습니다. 항목명과 상관계수가 같은 색과 크기, 두께 등으로 표현되면 바로 구분하기 어렵습니다.

해당 그래프의 가장 큰 문제는 여러 그룹으로 구분된 데이터의 점을 한 그래프에 몰아 넣었다는 것입니다. 물론, 구분을 위해 원, 삼각형, 사각형으로 표식을 나누기는 했으나 이 방법만으로는 구분이 어렵습니다. 특히 삼각형의 본사, 본점 종사자 수 비율과 사각형의 공장, 지사, 영업소 종사자 수 비율은 단독사업체 종사자 수 비율에 비해 낮은 수치들을 갖고 있으므로 그래프의 왼쪽 아래에 섞여 있어 더 구분이 어렵습니다.

물론, 효율성 면에서는 한 그래프 안에 표현하는 것이 나을 수도 있지만 항목 간의 구분을 위해 섞여 있는 점들을 분리해 보겠습니다.

최적의 그래프 완성

2020년 사업체 구분별 종사자 수와 매출액 비교

출처 : 통계청, 「전국 사업체 조사」
https://kosis.kr/statHtml/statHtml.do?orgId=101&tblId=DT_1K52D08&conn_path=I3

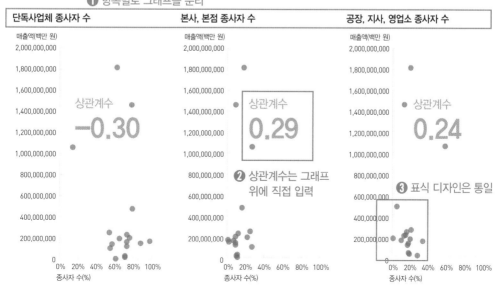

❶ 항목별로 그래프를 분리

단독사업체 종사자 수	본사, 본점 종사자 수	공장, 지사, 영업소 종사자 수

상관계수 −0.30

상관계수 0.29

상관계수 0.24

❷ 상관계수는 그래프 위에 직접 입력

❸ 표식 디자인은 통일

❶ 항목별로 그래프를 분리해 각 변수와 매출 간의 관계 파악이 좀 더 쉽도록 편집했습니다.

❷ 상관계수는 따로 편집해 그래프상에 바로 뒀습니다. 그래프가 위아래로 길어지면서 점 사이에 텍스트가 들어갈 공간이 생겨 배치가 좀 더 쉬워졌습니다. 텍스트 상자를 이용해서 입력만하고 마무리 해도 되지만 그래프에 좀 더 녹아들도록 텍스트를 투명하게 편집하고 상관계수라는 명칭은 크기를 작게 조절했습니다.

❸ 그래프가 분리돼 있으므로 표식의 생김새를 굳이 다르게 편집할 필요가 없습니다. 오히려 다른 표식들과 그래프들이 놓여 있으면 통일성이 떨어질 수 있기 때문에 그래프 디자인은 같은 방식으로 통일합니다.

여러 그룹이 모여 있는 그래프를 항목별로 구분하면 좀 더 직관적으로 비교해 볼 수 있습니다. 이렇게 작은 크기의 그래프를 가로나 세로의 여러 방향으로 나열해 배치하는 것을 '매트릭스 형식'이라고 합니다.

STEP 3

데이터 레벨 업

앞서의 그래프들만으로도 각 항목들의 상관계수를 비교하는 것이 가능하지만 한 걸음 더 나아가 보겠습니다. 만약 여러 그래프와 텍스트 사이에 상관계수만을 입력해야 하는데 숫자나 표 이상의 시각화 방법이 필요할 경우 어떤 방법을 사용할 수 있을까요?

예시에 사용된 것은 '단독사업체 종사자 수', '본사, 본점 종사자 수', '공장, 지사, 영업소 종사자 수'라는 항목과 각 항목별 상관계수의 차이입니다. 이것을 그래프 기준으로 생각하면 x축의 수치를 상관계수로 하는 간단한 산점도를 생각해 볼 수 있습니다. 즉, y축의 값은 모두 0이고 한 줄에 상관계수 순으로 놓인 그래프를 만들 수 있습니다.

2020년 사업체 구분별 종사자 수와 매출액 상관계수 비교

출처 : 통계청, 「전국 사업체 조사」
https://kosis.kr/statHtml/statHtml.do?orgld=101&tblld=DT_1K52D08&conn_path=I3

파워포인트로 구현하기

1 엑셀에서 상관계수 구하기

- 엑셀에서 상관계수를 입력해야 하는 셀에 '=CORREL'을 입력합니다.
- 비교하려는 데이터군을 클릭&드래그로 입력합니다. 데이터군 사이는 콤마(,)로 구분합니다.

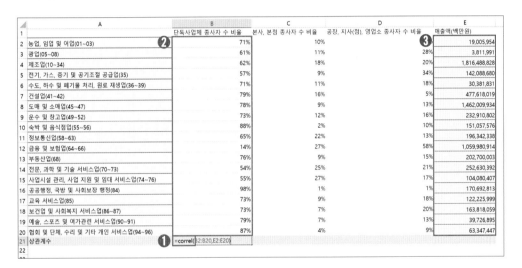

A	B 단독사업체 종사자 수 비율	C 본사, 본점 종사자 수 비율	D 공장, 지사(점), 영업소 종사자 수 비율	E 매출액(백만원)
농업, 임업 및 어업(01~03)	71%	10%		19,005,954
광업(05~08)	61%	11%	28%	3,811,991
제조업(10~34)	62%	18%	20%	1,816,488,828
전기, 가스, 증기 및 공기조절 공급업(35)	57%	9%	34%	142,088,680
수도, 하수 및 폐기물 처리, 원료 재생업(36~39)	71%	11%	18%	30,381,831
건설업(41~42)	79%	16%	5%	477,618,019
도매 및 소매업(45~47)	78%	9%	13%	1,462,009,934
운수 및 창고업(49~52)	73%	12%	16%	232,910,802
숙박 및 음식점업(55~56)	88%	2%	10%	151,057,576
정보통신업(58~63)	65%	22%	13%	196,342,338
금융 및 보험업(64~66)	14%	27%	58%	1,059,980,914
부동산업(68)	76%	9%	15%	202,700,003
전문, 과학 및 기술 서비스업(70~73)	54%	25%	21%	252,630,392
사업시설 관리, 사업 지원 및 임대 서비스업(74~76)	55%	27%	17%	104,080,407
공공행정, 국방 및 사회보장 행정(84)	98%	1%	1%	170,692,813
교육 서비스업(85)	73%	9%	18%	122,225,999
보건업 및 사회복지 서비스업(86~87)	73%	7%	20%	163,818,059
예술, 스포츠 및 여가관련 서비스업(90~91)	79%	7%	13%	39,726,895
협회 및 단체, 수리 및 기타 개인 서비스업(94~96)	87%	4%	9%	63,347,447
상관계수	=correl(B2:B20,E2:E20)			

2 텍스트의 투명도 지정하기

- 클릭&드래그로 텍스트 박스 안의 텍스트를 선택합니다.
- 마우스 오른쪽 버튼을 클릭해 **[텍스트 효과 서식]**을 선택합니다.
- **[도형 서식]**에서 투명도를 조정해 편집합니다.

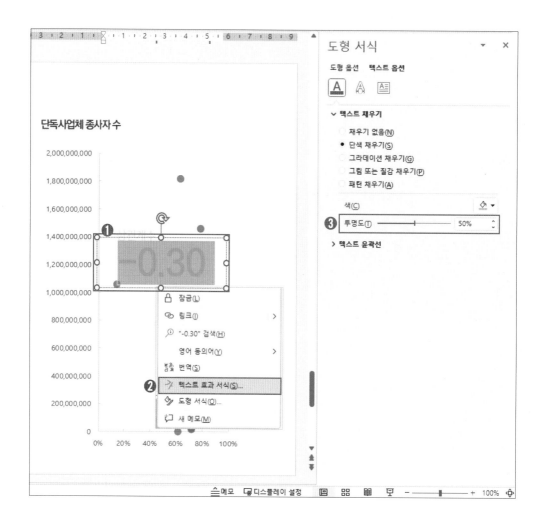

3 가로 방향으로 나열된 산점도 만들기

• y값이 0으로 통일된 산점도를 만듭니다.

• 그래프 전체의 높이를 줄이고 y축을 삭제해 한 줄짜리 산점도로 편집합니다.

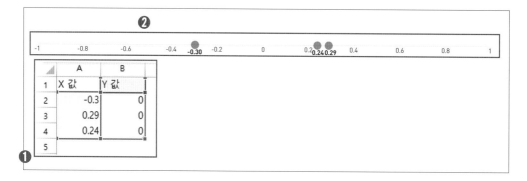

MEMO

데이터의 분포와 크기 시각화

커피 프랜차이즈를 비교하다

하동훈 사원은 모모 커피 프랜차이즈 뉴비즈사업부에서 근무 중인데 현재 모모 커피 프랜차이즈는 내년 3분기를 목표로 신규 커피 전문 브랜드 론칭을 계획하고 있다. 유재석 부장은 하동훈 사원에게 현재 주요 커피 프랜차이즈 브랜드에 대한 정보를 비교 정리할 것을 요청했다.

1   현재 커피 업종 프랜차이즈의 현황을 가맹점 수, 가맹점 증가율, 가맹점 연
     평균 매출액을 기준으로 판단해 보려고 한다.
2   위의 세 가지 기준으로 벤치마킹할 만한 브랜드를 선정해 신규 커피 브랜드
     의 론칭 전략을 점검할 예정이다.

지금까지는 그래프를 그릴 때 두 축의 값을 이용해 편집했습니다. 가로 방향인 x축과 세로 방향인 y축이 그것인데 가장 효율적인 방법이기는 하지만 여러 가지 기준으로 대상의 상황을 평가해야 하는 분석 방법에서는 여러 가지 기준을 시각화할 수 있는 방법이 필요합니다. 이때는 버블 차트를 활용합니다.

Data visualization

버블 차트

버블 차트는 산포도에 '크기'라는 기준을 더해 시각화한 그래프로 표식을 원으로 설정해 상대적인 원의 크기로 데이터를 비교할 수 있습니다.

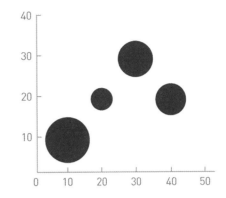

x값	y값	크기
10	20	100
20	30	50
30	40	80
40	30	70

3개 항목을 기준으로 데이터를 편집하기 위해 커피 프랜차이즈를 비교하는 다음과 같은 표를 가져와 보도록 하겠습니다.*

우선 그래프로 변환하기 전에 문제점부터 확인해 보겠습니다. 일반적으로 회사 소개나 시장을 분석할 때 빠지지 않는 것이 경쟁사 분석입니다. 시장 내에서 점유율을 차지하고 있는 몇몇 회사나 브랜드를 임의로 지정한 항목을 갖고 비교합니다.

이때 중요한 것은 어떤 기준으로 경쟁사를 분석할 것인지 정하는 것입니다. 안타깝게도 다음과 같은 텍스트와 표로 경쟁사 분석을 대충 끝내버리는 경우가 많습니다.

커피 업종 프랜차이즈 비교 분석

출처 : 커피 업종 프랜차이즈 비교 정보, 한국공정거래조정원, 2016년 9월 19일
https://eiec.kdi.re.kr/policy/materialView.do?num=158079

브랜드	가맹점 수	가맹점 증가율	가맹점 연평균 매출액
E	많음	높음	중간
C	중간	낮음	중간
A	중간	낮음	중간
Y	중간	높음	낮음
T	중간	높음	높음
F	적음	중간	낮음
H	적음	중간	높음
P	적음	중간	높음

*출처 : 커피 업종 프랜차이즈 비교 정보, 한국공정거래조정원, 2016년 9월 19일. https://eiec.kdi.re.kr/policy/materialView.do?num=158079

데이터 시각화의 키포인트

❶ 표+텍스트 조합으로 바로 파악하기가 어려움

**커피 업종 프랜차이즈
비교 분석**

출처 : 커피 업종 프랜차이즈 비교 정보, 한국공정거래조정원, 2016년 9월 19일
https://eiec.kdi.re.kr/policy/materialView.do?num=158079

브랜드	가맹점 수	가맹점 증가율	가맹점 연평균 매출액
E	많음	높음	중간
C	중간	낮음	중간
A	중간	낮음	중간
Y	중간	높음	낮음
T	중간	높음	높음
F	적음	중간	낮음
H	적음	중간	높음
P	적음	중간	높음

❷ 정확한 수치와 기준이 필요함

❶ 표에 텍스트를 입력해 시장 분석을 하는 표입니다. 표로 인해 정렬된 데이터라고 해도 분석을 통해 파악해야 할 브랜드들의 상황과 전체 브랜드의 위치를 파악하기 어렵습니다.

❷ 분석 기준이 '많음‒중간‒적음‒높음‒낮음'이라는 모호한 텍스트로 설정돼 있습니다. 가능하면 정확한 수치를 이용하는 것이 브랜드별 객관적인 비교에 좋습니다.

총 8개의 브랜드를 가맹점 수, 가맹점 증가율, 가맹점 연평균 매출액이라는 기준으로 평가해야 하므로 데이터를 표로 정리하는 것이 깔끔해 보일 수 있습니다.
하지만 분석 면에서는 적절하지 않은 방식입니다.
이렇게 여러 개의 항목과 브랜드의 상황을 비교하기 위해서는 정확한 수치가 필요합니다.
한국공정거래조정원의 자료를 이용해 수치로 변경했습니다.

커피 업종 프랜차이즈 비교 분석

출처 : 커피 업종 프랜차이즈 비교 정보, 한국공정거래조정원, 2016년 9월 19일
https://eiec.kdi.re.kr/policy/materialView.do?num=158079

브랜드	가맹점 수	가맹점 증가율	가맹점 연평균 매출액
E	1,577	27.1	239,845
C	821	−7.3	308,207
A	813	−2.4	329,019
Y	768	22.3	111,082
T	633	17.9	482,889
F	415	−0.3	102,001
H	361	5.9	351,209
P	353	11.0	369,301

STEP 2

최적의 그래프 완성

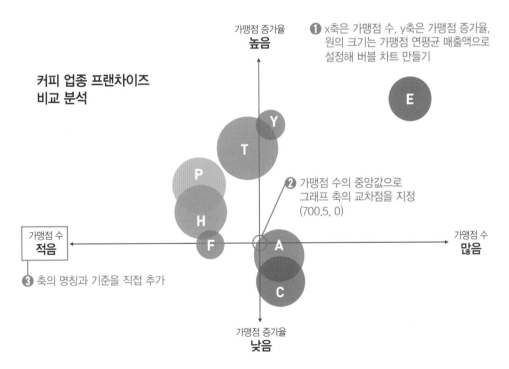

커피 업종 프랜차이즈
비교 분석

❶ x축은 가맹점 수, y축은 가맹점 증가율,
원의 크기는 가맹점 연평균 매출액으로
설정해 버블 차트 만들기

❷ 가맹점 수의 중앙값으로
그래프 축의 교차점을 지정
(700.5, 0)

❸ 축의 명칭과 기준을 직접 추가

출처 : 커피 업종 프랜차이즈 비교 정보, 한국공정거래조정원, 2016년 9월 19일
https://eiec.kdi.re.kr/policy/materialView.do?num=158079

❶ 가맹점 수를 x축, 가맹점 증가율을 y축, 가맹점 연평균 매출액을 원의 크기로 해서 버블 차트를 제작했습니다. 브랜드 간의 비교가 목적이므로 구체적인 데이터 레이블은 추가하지 않고 브랜드명만 버블 안에 크게 써서 구분했습니다.

❷ x축과 y축이 교차하는 지점은 대부분 0, 0의 수치인 지점이지만 이 그래프에서 가맹점 수는 모두 0보다 큰 값이므로 0보다는 가맹점 수 중 중간 위치를 차지하는 값, 즉 중앙값을 중심으로 배치하는 것이 자연스럽습니다. 해당 데이터의 가맹점 수(x축)의 중앙값은 700.5이므로 중심축 값을 700.5로 지정했습니다.

❸ 가맹점 수와 가맹점 증가율의 높고 낮음이라는 표시를 축의 양옆, 위아래에 배치해 현재 분포 상황을 파악할 수 있게 했습니다.

버블 차트를 살펴보면 x축과 y축은 가로축과 세로축을 나타내고, 버블의 크기는 면적을 나타내고 있습니다. 마치 경도와 위도를 중심으로 펼쳐져 있는 지도 같은 느낌입니다.

이처럼 경쟁 브랜드들이 시장 내에서 차지하고 있는 위치를 지도 형태로 나타내는 방식을 '포지셔닝(Positioning) 맵'이라고 합니다. 기존의 표와 주관적인 텍스트를 이용해도 대략적으로 그리는 것은 가능하나 이렇게 수치를 기준으로 적용하면 좀 더 객관적으로 시장을 파악할 수 있습니다.

STEP3

데이터 레벨 업

버블 차트를 이용해 브랜드가 놓인 위치를 분석해 보겠습니다. 각각의 브랜드를 확인하는 것도 좋지만 현재 x축과 y축이 교차하고 있다는 상황을 고려해 보면 그룹별로도 분석이 가능합니다.

그래프에 놓인 버블들의 위치에 따라 그룹을 따로 표시해 봤습니다. 이 경우 타원이나 글상자로도 그룹을 분류할 수 있습니다.

대신 버블의 색상이 제각각으로 설정돼 있으면 그룹 구분이 명확하지 않으므로 각 버블의 색상은 모두 통일하고 투명도를 지정해 서로를 구분할 수 있게 했습니다.

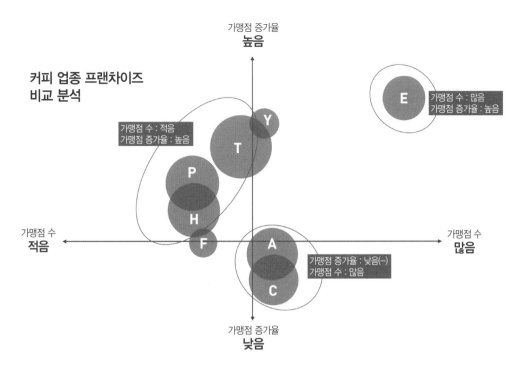

커피 업종 프랜차이즈
비교 분석

가맹점 증가율
높음

가맹점 수 : 적음
가맹점 증가율 : 높음

가맹점 수 : 많음
가맹점 증가율 : 높음

가맹점 수
적음

가맹점 수
많음

가맹점 증가율 : 낮음(-)
가맹점 수 : 많음

가맹점 증가율
낮음

출처 : 커피 업종 프랜차이즈 비교 정보, 한국공정거래조정원, 2016년 9월 19일
https://eiec.kdi.re.kr/policy/materialView.do?num=158079

이 방식을 이용하면 그룹별로 좀 더 직관적인 분석이 가능해집니다. 전반적으로 가맹점 수
와 가맹점 증가율이 높거나 낮은 브랜드는 어떤 것이고, 이 위치에 있는 브랜드들의 매출이
어느 정도 차이가 나는지 원의 크기로 알 수 있습니다.

상대적으로 매출액이 큰 T, P, H 브랜드는 대부분 가맹점 증가율이 높고 가맹점 수는 적은
구간에 몰려 있습니다. 매출액이 큰 만큼 향후 가맹점 수를 늘리는 방향으로 갈 것이라는
것을 추측할 수 있습니다.

이렇게 같은 그래프에서도 수치가 분포돼 있는 상황에 따라 다른 제안들을 할 수 있습니다.
대신 분포 상황을 정확하게 전달할 수 있도록 디자인해야 한다는 점을 기억하기를 바랍니다.

파워포인트로 구현하기

1 중앙값 구하기

- 엑셀에서 중앙값을 입력해야 하는 셀에 '=MEDIAN( )'을 입력합니다.
- 중앙값을 구해야 하는 데이터군을 ( )에 입력합니다.

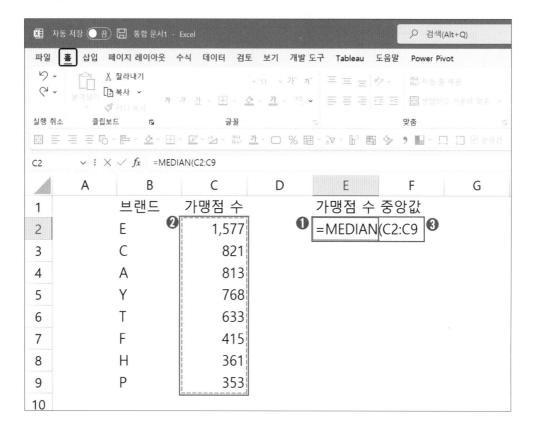

2 그래프 축 값 설정하기

- 그래프의 x축을 클릭합니다.
- [서식] – [선택 영역 서식]을 선택해 축 값에 원하는 값을 입력합니다. 해당 그래프에서는 축 값인 '700.5'를 입력했습니다.

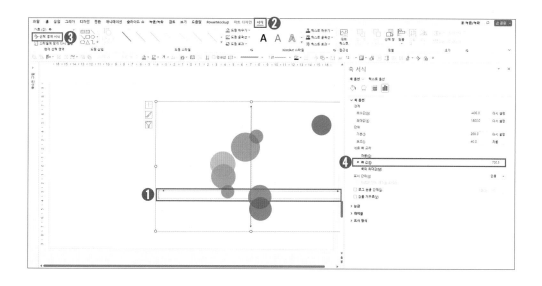

참고로 축 값의 변경 없이 기본값으로 축을 지정했을 경우 완성본은 다음과 같습니다. 그래 프가 한쪽으로 치우쳐 있고 가맹점 수의 경우 모든 값이 0 이상이므로 모든 브랜드의 가맹 점 수가 많다는 범위 안에 들어가게 됩니다. 그래서 축 값을 x축의 중앙값으로 설정해 기준 을 표시한 것입니다.

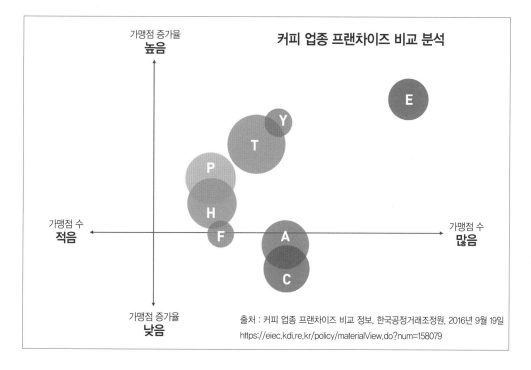

위치 데이터
시각화

스마트 벤치가 필요한 곳은 어디?

정햇살 사원이 근무 중인 주식회사 케어체어는 공원에서 많은 인원이 편하게 앉을 수 있는 스마트 벤치를 개발했다. 상품을 판매하기 위해 적절한 타깃층을 찾던 중 서울시에서 공원이 많이 있는 각 구청의 담당직원에게 영업을 하기로 했다. 그를 위해 서울시에서 공원 비율이 높은 지역을 먼저 추리려고 한다.

1   서울시 공공데이터 사이트에서 서울시의 구별 공원 면적을 확인할 것이다.

2   공원의 개념은 녹지로 된 공원, 도시에서 휴식하기 위해 인위적으로 만든 공원, 이용자들이 걸어서 접근하기 쉬운 도보생활권 공원 등으로 나눠져 있다. 따라서 각 단위를 확인한 후 개발한 상품이 어느 공원에 적절할지 타깃을 맞춰서 지역을 선정하는 과정이 필요하다.

 실무에서 비즈니스 문서에 활용되는 데이터를 살펴보면 지역 기반으로 구분되는 것이 많습니다. 작게는 마을 단위부터 크게는 국가 간의 비교까지 여러 사례가 있는데 이 경우 대부분 지도를 활용해 위치 데이터를 표현합니다.

Data visualization

위치 데이터 표현

위치 데이터는 특정 지역의 위치와 모양을 그림으로 그려 나타낸 것을 말합니다. 입체적인 공간을 평면 위에 완벽하게 구현하기가 어렵고 지역의 크기에 따라 데이터의 영향력이 다르게 느껴질 수 있으므로 변형해 사용하기도 합니다.

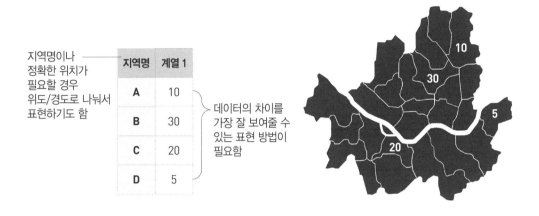

지역명이나 정확한 위치가 필요할 경우 위도/경도로 나눠서 표현하기도 함

지역명	계열 1
A	10
B	30
C	20
D	5

데이터의 차이를 가장 잘 보여줄 수 있는 표현 방법이 필요함

지도는 위치 데이터를 가장 잘 표현할 수 있는 방식이지만 생각보다 쉽게 구할 수 있는 소스는 아닙니다. 작업시간이 오래 걸리지 않아야 하기 때문에 때때로 잘못된 판단을 하기도 합니다. 다음 자료가 이 예시에 속합니다.

서울시 각 지역구의 1인당 공원 면적을 나타내는 시각화 자료입니다. 이미지 위에 데이터를 적어 각 지역구별 공원 면적을 보여주고 있습니다. 한번 살펴보겠습니다.

데이터 시각화의 키포인트

서울시 공원 통계
1인당 공원 면적(㎡)

• 출처 : 서울시 공원(1인당 공원 면적) 통계
  https://data.seoul.go.kr/dataList/360/S/2/datasetView.do

• 출처 : File:Seoul districts.svg
  From Wikimedia Commons, the free media repository
  https://commons.wikimedia.org/wiki/File:Map_Seoul_districts_de.png

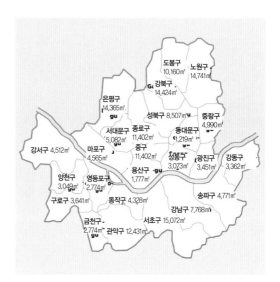

위 자료의 특이함이 느껴질 것입니다. 실제로 이런 형태로 만들어진 자료를 수정해야 할 때가 종종 있습니다. 대부분 웹사이트나 자료에서 기존의 지도 이미지를 캡처한 후 그 위에 텍스트를 얹는 방식입니다.

하지만 이 방식으로 위치 데이터를 표현할 경우 저작권과 해상도 그리고 원하는 데이터를 잘 보여주지 못하는 문제가 생길 수 있습니다. 게다가 원본 이미지에 있는 텍스트나 표시들을 지우기 위해 도형을 얹기도 하는데 원본 이미지에 얼룩처럼 보이는 글자는 도형을 이용한 가리기를 잘 못해서 일어나는 현상입니다.

그럼에도 불구하고 이 이미지를 써야 하거나 시간이 부족하다면 차라리 지도 이미지는 참고 식으로 해서 크기를 줄이고, 데이터는 텍스트 식으로 해서 강조하는 것도 한 방법입니다. 이미지의 전체 색을 회색조로 바꾸고 데이터를 따로 입력할 수 있습니다.

서울시 공원 통계
1인당 공원 면적(㎡)

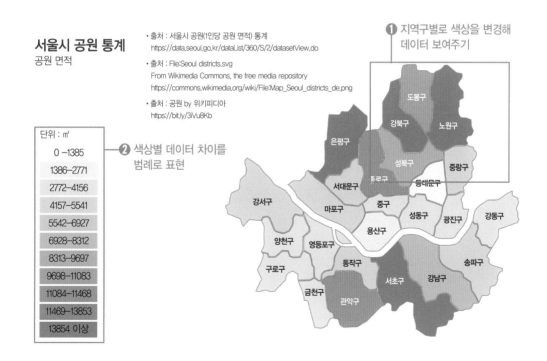

No.	자치구	1인당 공원면적
❶	종로구	11,402.58
❷	중구	3,163.83
❸	용산구	1,777.06
❹	성동구	3,073.98
❺	광진구	3,451.04
❻	동대문구	1,219.25
❼	중랑구	4,990.30
❽	성북구	8,507.35
❾	강북구	14,424.50
❿	도봉구	10,160.38
⓫	노원구	14,741.81
⓬	은평구	14,365.72
⓭	서대문구	5,082.16
⓮	마포구	4,565.37
⓯	양천구	3,049.63
⓰	강서구	4,512.05
⓱	구로구	3,641.45
⓲	금천구	2,774.38
⓳	영등포구	3,009.28
⓴	동작구	4,328.74
㉑	관악구	12,431.42
㉒	서초구	15,072.56
㉓	강남구	7,768.75
㉔	송파구	4,771.42
㉕	강동구	3,362.41

• 출처 : 서울시 공원(1인당 공원 면적) 통계
  https://data.seoul.go.kr/dataList/360/S/2/datasetView.do

• 출처 : File:Seoul districts.svg
  From Wikimedia Commons, the free media repository
  https://commons.wikimedia.org/wiki/File:Map_Seoul_districts_de.png

---

최적의 그래프 완성

서울시 공원 통계
공원 면적

• 출처 : 서울시 공원(1인당 공원 면적) 통계
  https://data.seoul.go.kr/dataList/360/S/2/datasetView.do

• 출처 : File:Seoul districts.svg
  From Wikimedia Commons, the free media repository
  https://commons.wikimedia.org/wiki/File:Map_Seoul_districts_de.png

• 출처 : 공원 by 위키피디아
  https://bit.ly/3iVu8Kb

❶ 지역구별로 색상을 변경해
데이터 보여주기

단위 : ㎡

❷ 색상별 데이터 차이를
범례로 표현

0 –1385
1386–2771
2772–4156
4157–5541
5542–6927
6928–8312
8313–9697
9698–11083
11084–11468
11469–13853
13854 이상

파워포인트의 새로운 버전을 사용할 수 있거나 새로운 편집 프로그램을 이용할 수 있다면 지도 소스를 좀 더 쉽게 사용할 수 있습니다.

지도 이미지를 구글링해 다시 찾아보겠습니다. 이 경우에는 검색어에 다른 단어가 하나 더 필요합니다. 'Seoul+map+[SVG]'인데 이미지 크기를 확대해도 깨지지 않는 가장 깔끔한 도형 파일 형식입니다. 실제로는 개발 영역에서 많이 쓰이는 형태이지만 범용성이 좋아서 데이터 시각화에서도 많이 활용되고 있습니다. 특정 지역과 SVG 파일 확장자를 붙여서 검색하면 원하는 지역의 지도를 도형 형식으로 구할 수 있습니다.

❶ SVG 파일 활용으로 각 지역구를 구분할 수 있으므로 지역별로 색상을 변경하는 단계 구분도를 사용합니다. 배경색에 따라 지역구 명칭의 텍스트 색을 밝거나 어둡게 편집합니다.

❷ 사용한 색상을 범례처럼 편집할 수 있습니다. 공원 면적을 미리 일정한 구간으로 나누고 각 구간을 색상으로 구분합니다. 수치가 높을수록 점점 진한 색을 설정하면 한눈에 지역 간의 데이터 차이를 비교할 수 있습니다.

STEP3

데이터 레벨 업

전체 구의 상황을 살펴보는 것도 필요하지만 영업전략이라는 원래의 목표를 생각해 봤을 때 전체 지역의 공원 면적을 비교할 것이 아니라 공원 면적이 넓은 지역을 중점적으로 조사해 봐야 합니다. 시각적으로는 지도 위에 그래프를 더하는 방법을 생각해 볼 수 있습니다. 이때는 그래프의 크기를 작게 편집해 지역 위에 올리는 방법을 사용합니다.

참고 이미지에서는 평균 이상의 공원 면적을 가진 지역을 따로 편집했습니다. 공원, 도시공원, 도보생활권 공원 수치를 표현하는 막대 그래프가 반복되는 식의 디자인입니다. 위치 데이터는 그 지역이 낯선 사람들도 이해하기 쉽도록 지도 안에서 표현하는 방법을 고려해야 합니다.

막대 그래프로 비교해 본 결과, 지역구별로 도시공원의 면적이 크게 차이 나는 것을 알 수 있습니다. 만약 집중해야 할 것이 도시공원 면적이라면 좀 더 영업에 집중해야 할 지역을 쉽게 찾을 수 있을 것입니다.

서울시 공원 통계(평균 이상)
공원/도시공원/도보생활권 공원 비교

- **공원(녹지)**
  쾌적한 도시환경을 조성하고 시민의 휴식과 정서 함양에 이바지하는 공간 또는 시설
- **도시공원**
  도시지역에서 도시자연경관을 보호하고 시민의 건강·휴양 및
  정서생활을 향상시키는 데 이바지하기 위해 설치된 것
- **도보생활권 공원**
  공원이용자들이 걸어서 접근하기 용이하고 자주 이용하는 공원

공원 면적	천㎡
도시공원 면적	천㎡
도보생활권 공원 면적	천㎡

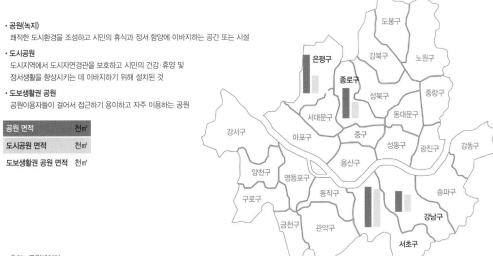

- 출처 : 공원데이터
  https://stat.eseoul.go.kr/statHtml/statHtml.do?orgId=201&tblId=DT_201004_J010002&conn_path=I3
- 출처 : File:Seoul districts.svg
  From Wikimedia Commons, the free media repository
  https://commons.wikimedia.org/wiki/File:Seoul_districts.svg

파워포인트로 구현하기

1 SVG 파일 활용 방법

파워포인트에서 SVG 파일을 여는 것이 가능할 경우

- SVG 파일 다운로드 후 파워포인트의 **[삽입] – [그림]** 메뉴를 이용해 엽니다.
- 삽입한 SVG 파일을 그룹 해제합니다. 마우스 오른쪽 버튼을 클릭한 후 **[그룹화] – [해제]**를 선택하거나 〈Ctrl+Shift+G〉를 눌러서 그룹 해제하면 도형으로 변환됩니다.

파워포인트에서 SVG 파일을 여는 것이 불가능할 경우

- 잉크스케이프 사이트(https://inkscape.org/)에 접속해 잉크스케이프 프로그램을 다운 받습니다. 무료 버전으로 사용할 수 있는 일러스트레이터와 같은 역할을 합니다.
- 잉크스케이프의 **[열기]**를 이용해 다운받은 SVG 파일을 엽니다.
- **[다른 이름으로 저장]**을 클릭하고, 확장자를 **[emf]**로 설정합니다.

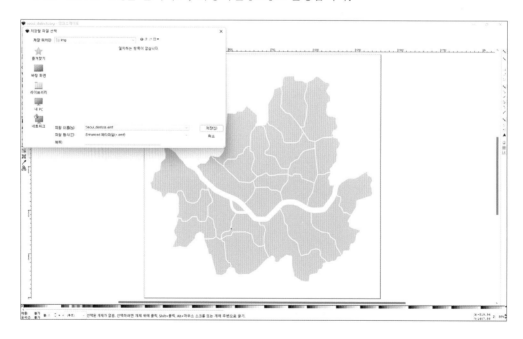

- 변환한 파일을 파워포인트의 **[삽입] – [그림]**을 이용해 열고 그룹 해제합니다.

2 이미지의 색을 무채색으로 바꾸는 방법

- 이미지를 선택합니다.
- **[그림 서식]** – **[색]**을 선택한 후 무채색 계열의 옵션을 선택합니다.

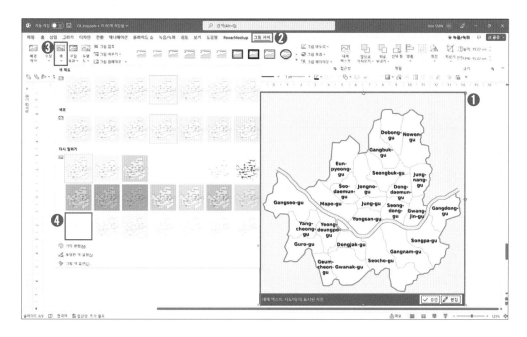

CHAPTER
9

가독성을 높이는
표 디자인

1인 가구에 거는 기대

홍효진 사원은 가구 업체인 꼼꼼한가구의 판매전략 팀에 근무하고 있다. 이번에 꼼꼼한가구는 거실용 안락한 소파 라인을 출시할 예정이다. 이전의 소파와 달리 좁은 공간에서도 자유롭게 배치할 수 있는 것을 셀링 포인트로 해서 판매전략을 세우려고 한다. 이에 1인 가구를 타깃으로 선정해 지역별 영업전략을 세워야 한다. 홍효진 사원은 지역별 1인 가구 수를 바탕으로 영업인력을 배치하는 제안서를 작성할 계획이다.

1   지역의 기준은 주요 광역시와 행정구역을 기준으로 했다.

2   지역별 전체 가구 수와 1인 가구 수는 통계청이나 공공데이터 사이트에서 확인할 것이다. 이때 전체 가구 수 중 1인 가구 수의 비율을 계산해 절댓값 보다는 비율을 강조해 1인 가구의 비중이 높은 지역에 영업인력을 투입하고자 한다.

데이터 시각화를 포함해 비즈니스 문서를 만드는 데 익숙하지 않은 경우에는 대개 표를 추천합니다. 정렬을 맞추기 어려운 여러 개의 숫자를 가장 정돈된 것처럼 보이게 하는 개체가 표이기 때문입니다.
데이터 시각화에서는 표에 어떤 내용을 넣느냐에 따라 데이터의 정렬 기준이 정해지는 만큼 표로 데이터를 정리하는 과정을 매우 중요하게 생각합니다.

Data visualization

표

표를 사용하면 행과 열로 나열된 수치로 데이터를 파악할 수 있습니다. 표의 각 셀 안에 데이터의 현황을 나타내거나 시각화할 수 있는 요소를 추가해 데이터의 가독성을 높일 수 있습니다.

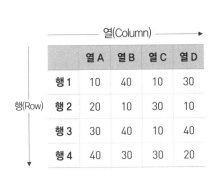

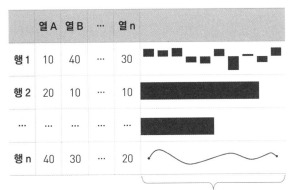

스파크라인이나 그래프를 추가해
표의 내용을 시각화함

1인 가구 수의 비율을 지역별로 확인하기 위해 지역별 인구와 1인 가구 비율을 나타내는 표를 편집해 보겠습니다. 공공데이터 사이트와 보고서에서 확인할 수 있는 데이터로 직접 표를 만들거나 기존에 있던 표를 이미지화해 만들 수 있습니다. 우선 다음의 기본 서식 표를 보면서 수정해야 할 부분을 살펴보겠습니다.

파워포인트의 표 기능은 빠르게 데이터를 입력할 수 있다는 장점이 있지만 기본적으로 설정돼 있는 디자인과 정렬 때문에 사전에 편집해야 할 것들이 많습니다. 하지만 표 편집 방식을 익혀 놓으면 디자인을 많이 변경해야 할 필요가 없으므로 이후 편집 작업이 수월합니다.

행정구역	전체 가구 수	1인 가구 수
서울특별시	3,982,000	1,391,000
부산광역시	1,405,000	455,000
대구광역시	986,000	305,000
인천광역시	1,147,000	325,000
광주광역시	599,000	194,000
대전광역시	631,000	229,000
울산광역시	444,000	123,000
세종특별자치시	139,000	44,000
경기도	5,098,000	1,406,000
강원도	661,000	231,000
충청북도	679,000	236,000
충청남도	892,000	305,000
전라북도	756,000	255,000
전라남도	762,000	257,000
경상북도	1,132,000	389,000
경상남도	1,350,000	418,000
제주특별자치도	263,000	82,000

1인 가구의 지역별 분포(2020)
출처 : 통계청 「인구주택총조사」
https://eiec.kdi.re.kr/policy/materialView.do?num=221120

STEP1

데이터 시각화의 키포인트

❶ 검은색 실선으로 편집해 ──
   데이터와 테두리의 구분이 어려움

❷ 숫자가 가운데 정렬로 되어 있고 ──
   자릿수가 다 다른 탓에 정돈되지 않은 느낌임

1인 가구의 지역별 분포(2020)
출처 : 통계청 「인구주택총조사」
https://eiec.kdi.re.kr/policy/materialView.do?num=221120

❸ 표 내부의 텍스트, 숫자들이 ──
   모두 셀 위쪽에 붙어 있음

행정구역		전체 가구 수	1인 가구 수	
서울특별시		3,982,000	1,391,000	
부산광역시		1,405,000	455,000	
대구광역시		986,000	305,000	
인천광역시		1,147,000	325,000	
광주광역시		599,000	194,000	
대전광역시		631,000	229,000	
울산광역시		444,000	123,000	
세종특별자치시		139,000	44,000	
경기도		5,098,000	1,406,000	
강원도		661,000	231,000	
충청북도		679,000	236,000	
충청남도		892,000	305,000	
전라북도		756,000	255,000	
전라남도		762,000	257,000	
경상북도		1,132,000	389,000	
경상남도		1,350,000	418,000	
제주특별자치도		263,000	82,000	

❶ 표의 모든 선이 검은색 실선으로 편집돼 있습니다. 데이터 구분을 위해 구분선 처리를 했는데 눈은 숫자와 선을 모두 같은 데이터로 인지하기 때문에 처리하는 데 피로감을 많이 느끼므로 추천하지 않습니다.

❷ 자릿수가 많은 숫자가 가운데 정렬로 배치돼 있습니다. 숫자의 길이가 다 달라서 배치 상태가 다르기 때문에 가독성이 떨어집니다.

❸ 표에 입력된 데이터의 높낮이도 정렬의 기준이 됩니다. 예시 자료의 경우 모든 수치가 셀 위쪽에 붙어 있고 아래쪽에 빈 공간이 생깁니다.

어떤 프로그램에서 표 작업을 하더라도 기본 서식으로만 완성하는 것은 추천하지 않습니다. 엄밀히 말하면 기본 서식은 편집 전의 상태입니다. 가능한 한 편집을 통해 가독성을 높여야 합니다.

그럼 기본 편집 과정을 통해 변경된 표의 모습을 살펴보겠습니다.

S T E P 2

최적의 그래프 완성

❶ 정보의 특성에 따라 정렬 방식 변경

❸ 표의 내부는 회색 점선으로

1인 가구의 지역별 분포(2020)
출처 : 통계청 「인구주택총조사」
https://eiec.kdi.re.kr/policy/materialView.do?num=221120

❷ 합계, 평균 등 계산한 데이터는 아래로 배치, 음영도 추가

행정구역	전체 가구 수	1인 가구 수
서울특별시	3,982,000	1,391,000
부산광역시	1,405,000	455,000
대구광역시	986,000	305,000
인천광역시	1,147,000	325,000
광주광역시	599,000	194,000
대전광역시	631,000	229,000
울산광역시	444,000	123,000
세종특별자치시	139,000	44,000
경기도	5,098,000	1,406,000
강원도	661,000	231,000
충청북도	679,000	236,000
충청남도	892,000	305,000
전라북도	756,000	255,000
전라남도	762,000	257,000
경상북도	1,132,000	389,000
경상남도	1,350,000	418,000
제주특별자치도	263,000	82,000
합계	20,927,000	6,643,000

❶ 전체 데이터를 셀의 중간으로 정렬하고 길이가 긴 숫자의 경우 오른쪽 정렬합니다.

❷ 합계나 평균 등 표의 내용을 바탕으로 계산한 내용은 아랫줄에 배치합니다. 배경의 음영이나 선의 두께를 변경해 원래의 내용과 분리해서 편집해 줍니다.

❸ 표의 내부는 회색 점선으로 편집해 데이터와 테두리를 분리해 줍니다. 이것은 표 내부의 가독성을 높이는 방법입니다.

셀에 텍스트나 숫자를 넣으면 된다고 생각한 표였는데 은근히 편집할 것이 많습니다. 하지만 표 편집의 경우 케이스마다 편집 방법이 바뀌는 그래프와 다르게 편집 과정이 매우 전형적입니다. 일반적으로 텍스트 정렬, 제목과 본문의 음영, 테두리 편집인데 이 과정에 숙달되면 아무리 디자인 콘셉트가 바뀌더라도 표를 크게 다른 디자인으로 편집하지 않아도 됩니다.

물론, 이 방법이 까다롭다면 다음과 같이 표를 이미지로 캡처해 사용하는 방법도 있습니다. 지역별 1인 가구 수를 파악하기 위해 공공데이터 사이트에서 데이터를 다운로드받아 엑셀 화면을 캡처했습니다. 실제로 정부기관의 보고서를 다운받아서 활용하기도 합니다.

표 전체를 캡처한 후 강조할 부분을 잘라내서 크기와 테두리를 편집하면 표에서 일부분을 강조할 수 있습니다. 표를 이미지 형태로 캡처해야 할 경우 최선으로 편집할 수 있는 방법입니다.

1인 가구의 지역별 분포(2020)
출처 : 통계청 「인구주택총조사」
https://eiec.kdi.re.kr/policy/materialView.do?num=221120

행정구역	전체 가구	1인 가구 수
서울특별시	3,982,000	1,391,000
부산광역시	1,405,000	455,000
대구광역시	986,000	305,000
인천광역시	1,147,000	325,000
광주광역시	599,000	194,000
대전광역시	631,000	229,000
울산광역시	444,000	123,000
세종특별자치시	139,000	44,000
경기도	5,098,000	1,406,000
강원도	661,000	231,000
충청북도	679,000	236,000
충청남도	892,000	305,000
전라북도	756,000	255,000
전라남도	762,000	257,000
경상북도	1,132,000	389,000
경상남도	1,350,000	418,000
제주특별자치도	263,000	82,000

데이터 레벨 업

표를 사용하면 많은 데이터를 편하게 정리할 수 있지만 한눈에 데이터의 현황을 파악하기는 어렵습니다. 예를 들어, 전 지역에서 중간 순위의 1인 가구 비율을 갖고 있는 지역들은 어디이고, 그룹별 특징은 무엇인지 찾기 어렵습니다.

이 경우 데이터 시각화 방식이 도움이 될 수 있습니다. 데이터 작업 시 표를 추천하는 이유는 편집 방법이 정해져 있을 뿐만 아니라 표에 그래프 요소를 더해서 데이터를 디테일하게 볼 수 있기 때문입니다. 표 안에 여러 기간의 데이터 흐름을 표현해야 할 경우 셀을 하나 추가해 꺾은선 그래프를 넣을 수도 있고, 직접적인 비교가 필요할 경우 막대 그래프를 넣을 수도 있습니다.

특히 막대 그래프를 삽입하기 위해서는 표 내부의 직접적인 수치보다 비율로 변환해 편집하는 것이 좋습니다. 원본 데이터에는 비율로 계산한 데이터가 있지만 비율이 없을 경우 직접 계산해 추가하기를 바랍니다. 굳이 사이트에서 제공하는 데이터로만 표를 만들 필요는 없습니다. 필요한 값을 계산해 추가하는 것으로 분석을 시작합니다.

여기에 시각화로 이해를 돕기 위해 비율에 따라 막대 그래프를 그립니다. 비율을 나타내는 그래프를 표에 추가하면 직접 수치로 비교하지 않더라도 차이를 바로 알 수 있습니다.

1인 가구의 지역별 분포(2020) 출처 : 통계청 「인구주택총조사」, https://eiec.kdi.re.kr/policy/materialView.do?num=221120

행정구역	전체 가구 수	1인 가구 수	전체 가구 중 1인 가구	지역 가구 중 1인 가구 비중
서울특별시	3,982,000	1,391,000	20.9	34.9
부산광역시	1,405,000	455,000	6.9	32.4
대구광역시	986,000	305,000	4.6	30.9
인천광역시	1,147,000	325,000	4.9	28.3
광주광역시	599,000	194,000	2.9	32.4
대전광역시	631,000	229,000	3.4	36.3
울산광역시	444,000	123,000	1.8	27.7
세종특별자치시	139,000	44,000	0.7	31.3
경기도	5,098,000	1,406,000	21.2	27.6
강원도	661,000	231,000	3.5	35.0
충청북도	679,000	236,000	3.6	34.8
충청남도	892,000	305,000	4.6	34.2
전라북도	756,000	255,000	3.8	33.8
전라남도	762,000	257,000	3.9	33.7
경상북도	1,132,000	389,000	5.9	34.4
경상남도	1,350,000	418,000	6.3	30.9
제주특별자치도	263,000	82,000	1.2	31.1
합계	20,927,000	6,643,000	100	31.7

파워포인트로 구현하기

1 표 삽입과 디자인 수정하기

[삽입] – [표]에서 마우스를 이용하거나 행과 열의 수를 직접 입력해 표를 삽입합니다.

표의 디자인은 [테이블 디자인] 메뉴를 통해 편집합니다. 채우기 색은 [음영], 표의 선은 [테두리]에서 편집합니다.

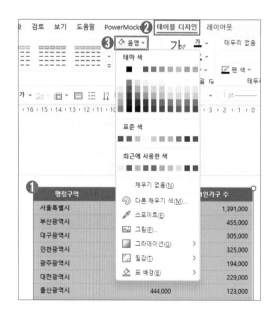

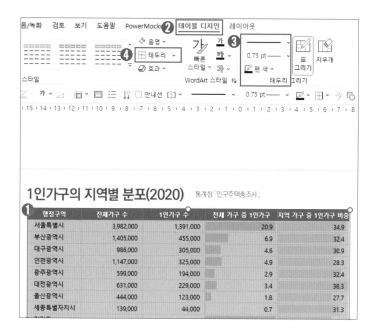

1인가구의 지역별 분포(2020) 통계청 「인구주택총조사」

행정구역	전체가구 수	1인가구 수	전체 가구 중 1인가구	지역 가구 중 1인가구 비중
서울특별시	3,982,000	1,391,000	20.9	34.9
부산광역시	1,405,000	455,000	6.9	32.4
대구광역시	986,000	305,000	4.6	30.9
인천광역시	1,147,000	325,000	4.9	28.3
광주광역시	599,000	194,000	2.9	32.4
대전광역시	631,000	229,000	3.4	36.3
울산광역시	444,000	123,000	1.8	27.7
세종특별자치시	139,000	44,000	0.7	31.3

❷ 표에 스파크라인(막대 그래프) 추가하기

- 데이터의 비율을 일정한 길이로 바꿔서 사각형의 너비로 설정합니다. 예시 자료의 경우 35%의 비율을 3.5cm식으로 변경합니다.
- 직사각형을 그린 후 클릭하고 **[도형 서식] – [크기] – [너비]**에 해당 값을 입력합니다.
- 완성한 그래프는 그룹화해 크기와 위치를 조정합니다.

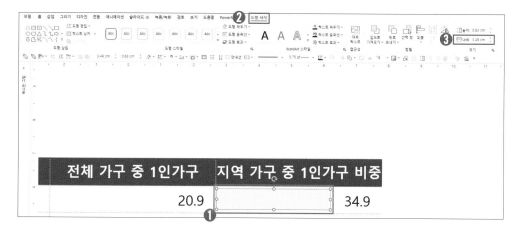

3 이미지 자르기

- 표 이미지 위에 강조하려는 부분을 표시하는 도형을 그립니다.

- 표 이미지 → [Shift 키] → 도형 순서로 선택합니다.

- **[도형 서식] – [도형 병합] – [조각]**을 선택합니다.

- 잘린 이미지에 그림자나 윤곽선을 편집해 구분이 가능하도록 만들어 줍니다.

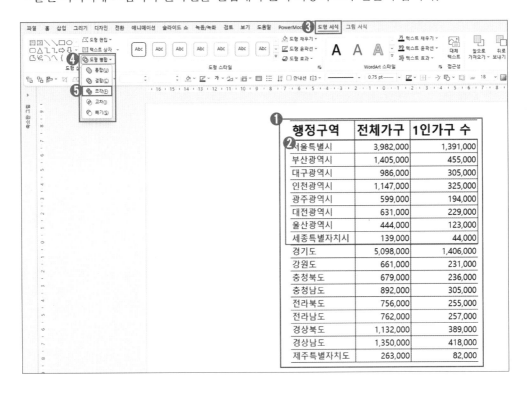

MEMO

여러 그룹의 비율 시각화

결국 치킨집이 답일까?

제과제빵 프랜차이즈인 스트릿크루아상의 점포개발 부서에서 일하는 오나무 사원이 가장 듣기 싫은 말은 "퇴직 후는 치킨집"이다. 퇴직 후 자영업을 생각하는 예비 고객들에게 치킨은 너무나 강력한 경쟁자이기 때문이다.

상사인 김한결 팀장이 이참에 제대로 이미지 개선을 할 수 있는 보도자료를 만들어 보자고 제안했다. 치킨이 브랜드 수는 훨씬 많지만 그중 연매출을 기준으로 일정 이상 올릴 수 있는 브랜드 수의 비율을 비교해 보자고 한 것이다. 그래서 대표적인 외식 업종들 중 일정 금액 이상의 매출을 올릴 수 있는 브랜드 수의 비율을 비교해 제과제빵 업종의 브랜드 수는 많지 않지만 3억 이상의 매출을 올리는 브랜드 수의 비율이 높다는 것을 강조하기로 했다.

1   프랜차이즈 외식업종에 대한 정보는 공정거래위원회를 통해 주기적으로 리포트 형태로 확인할 수 있다. 해당 리포트에서 공공데이터를 확인하고 적절한 그래프 형식이 어떤 것일지 고민해야 한다.

2   업종, 매출액, 비율을 모두 표현해야 하는 자료가 필요하다. 가능한 한 숫자와 색, 크기 등으로 파악할 수 있도록 해야 한다.

여러 방향으로 복잡하게 얽혀 있는 데이터 간의 관계와 수치 차이를 비교해야 할 때 데이터 시각화의 어려움을 느낍니다. 특히 실무에서 발생하는 문제와 상황들은 하나의 조건만으로 깔끔하게 해결되기보다 여러 그룹 간의 관계, 그룹의 실제 값 등 고려해야 할 요소가 많습니다. 이럴 경우에는 일정한 데이터 간의 비율이나 이 데이터를 포함하는 그룹 간의 모든 비교가 가능한 누적 막대 그래프를 활용합니다.

Data visualization

누적 막대 그래프

누적 막대 그래프는 한 자리에 쌓인 막대 그래프의 그룹으로 데이터 간의 소속 관계와 비율 차이를 동시에 보여주는 그래프입니다. 종류에는 각 데이터를 수치로 표현하는 '누적 막대 그래프', 100퍼센트 기준의 비율로 표현하는 '100% 기준 누적 막대 그래프'가 있습니다.

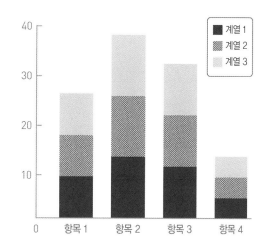

각자의 계열이 모여서 항목 하나가 완성되는데
계열은 수치나 비율로 모두 표현할 수 있음

항목 하나가
데이터의 그룹을
나타냄

	계열 1	계열 2	계열 3
항목 1	10	10	10
항목 2	13	13	12
항목 3	11	12	12
항목 4	4	4	4

'100% 기준 누적 막대 그래프'의 경우
모든 막대의 합계가 100%로 같음

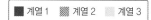

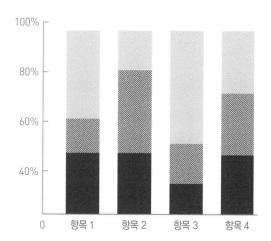

이번에는 주로 '비율'을 표현하는 그래프를 살펴보겠습니다. 다음은 주요 외식업 가맹점의 매출액별 브랜드 수 분포에 대한 자료입니다. 외식업 창업 정보와 결정사항이 필요할 때 찾게 되는 데이터입니다.

대표적인 외식업 창업종목인 치킨, 피자, 커피, 패스트푸드, 제과제빵의 브랜드를 평균 매출액 기준으로 분리해 봤습니다. 우선 매출액을 기준으로 창업 항목별 누적 막대 그래프부터 시작해 보겠습니다. 어떤 부분을 수정해야 데이터를 좀 더 잘 전달할 수 있을까요?

주요 외식업 가맹점 평균 매출액별 브랜드 수 분포

출처 : 2019년 말 기준 가맹산업 현황, 2020년 2월 27일, 공정거래위원회

치킨
- 3억 이상 14%
- 2억 이상 3억 미만 27%
- 1억 이상 2억 미만 38%
- 1억 미만 21%

피자
- 3억 이상 30%
- 2억 이상 3억 미만 19%
- 1억 이상 2억 미만 37%
- 1억 미만 14%

커피
- 3억 이상 6%
- 2억 이상 3억 미만 21%
- 1억 이상 2억 미만 46%
- 1억 미만 28%

패스트푸드
- 3억 이상 32%
- 2억 이상 3억 미만 13%
- 1억 이상 2억 미만 29%
- 1억 미만 26%

제과제빵
- 3억 이상 29%
- 2억 이상 3억 미만 21%
- 1억 이상 2억 미만 38%
- 1억 미만 12%

외식종목	브랜드 수
치킨	239개
피자	63개
커피	160개
패스트푸드	30개
제과제빵	73개
	종목별 브랜드 수

데이터 시각화의 키포인트

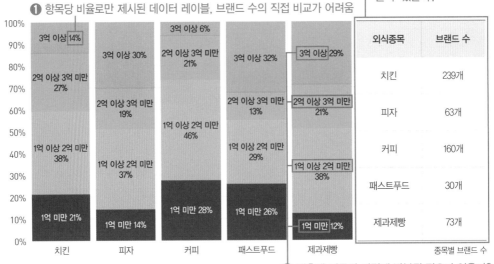

주요 외식업 가맹점 평균 매출액별 브랜드 수 분포

출처 : 2019년 말 기준 가맹산업 현황, 2020년 2월 27일, 공정거래위원회

❶ 항목당 비율로만 제시된 데이터 레이블, 브랜드 수의 직접 비교가 어려움

❸ 그래프와 편하게 비교해 가면서 볼 수 있을까?

외식종목	브랜드 수
치킨	239개
피자	63개
커피	160개
패스트푸드	30개
제과제빵	73개
	종목별 브랜드 수

❷ 매출액 기준이 이렇게 반복될 필요가 있을까?

❶ 누적 막대 그래프의 데이터 레이블이 비율만 표현하고 있습니다. 비율을 파악하기 위해 누적 막대 그래프를 선택했으나 예시처럼 업종별 브랜드 수의 차이가 심할 때는 실제 수치도 파악할 필요가 있습니다.

❷ 누적 막대 그래프의 세부적인 부분에는 매출액 기준과 비율이 적혀 있습니다. 직관적으로는 적절한 편집 방법이지만 5개 항목이 반복되는 상황에서 적절한 방법일까요? 게다가 모든 글씨가 검은색의 두꺼운 서체로 편집돼 있어 더 피로감을 주고 있습니다.

❸ 업종 간 브랜드 수의 차이를 따로 표로 편집해 배치했습니다. 실제 업종별 브랜드 수를 추가한 것만으로도 다행이지만 좀 더 욕심을 내보면 어떨까요?

이 자료에서 중점적으로 반영해야 할 것은 '비율만으로는 모든 것을 표현할 수 없다'라는 것입니다. 예를 들어, 이 그래프상에서는 패스트푸드에서 매출 3억 이상을 내는 브랜드 수가 가장 많으므로 높은 매출을 내는 업종은 패스트푸드쪽이 가장 많은 브랜드를 갖고 있다고 생각할 수 있습니다.

하지만 실제로도 그럴까요?

전체 브랜드 수를 비교해 보면 치킨 브랜드가 패스트푸드의 8배 정도를 차지하는 것을 볼 수 있습니다. 이렇게 되면 실제 비율이 높다고 해도 브랜드 수는 적을 수 있습니다. 실제로 이 그래프는 외식업종 내에서 브랜드들의 매출액을 비교하기는 용이하지만 같은 매출액을 내는 브랜드 수를 다른 외식업종과 직관적으로 비교하기는 어렵습니다. 브랜드 수를 반영해 비율과 함께 수치도 표현할 수 있는 시각화 방법을 생각해 봐야 합니다.

최적의 그래프 완성

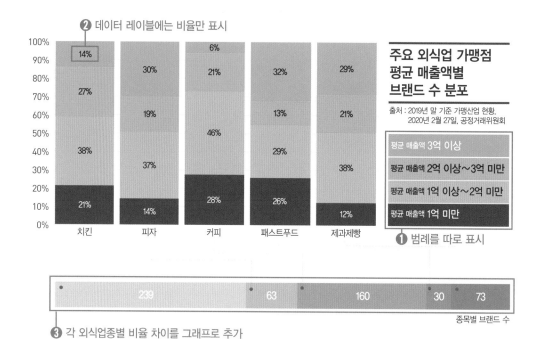

❷ 데이터 레이블에는 비율만 표시

주요 외식업 가맹점 평균 매출액별 브랜드 수 분포

출처 : 2019년 말 기준 가맹산업 현황, 2020년 2월 27일, 공정거래위원회

평균 매출액 3억 이상
평균 매출액 2억 이상~3억 미만
평균 매출액 1억 이상~2억 미만
평균 매출액 1억 미만

❶ 범례를 따로 표시

종목별 브랜드 수

❸ 각 외식업종별 비율 차이를 그래프로 추가

❶ 그래프에서 공통적으로 등장하는 부분인 평균 매출액을 그래프 밖에 따로 범례로 표시 했습니다. 범례에는 각 매출액을 대표하는 색을 함께 표시해 직관적으로 파악할 수 있게 했습니다. 그래프의 내부가 다른 성격의 데이터 레이블들로 복잡해지지 않기 때문에 좀 더 깔끔하게 느껴집니다.

❷ 누적 막대 그래프 내부의 데이터 레이블에는 비율만 입력했습니다. 데이터 레이블에 쓰 이는 매출액 구분이 상당히 긴 글자수이기 때문에 상대적으로 좁은 그래프 안에 욱여넣 는 것보다 범례와 나눠서 쓰는 것이 좋습니다.

❸ 외식업종 간의 브랜드 수를 직접 비교하기 위해 가로 방향의 누적 막대 그래프를 추가했 습니다. 이때 외식업종과 그래프의 각 항목을 연결하는 지시선을 그려넣어 주면 좀 더 쉽게 업종끼리 비교할 수 있습니다.

여러 단계의 구성 항목들을 비교해야 할 경우 하나의 그래프에 너무 집착할 필요는 없습니다. 앞서의 자료에는 세로 방향의 누적 막대 그래프와 가로 방향의 누적 막대 그래프가 들어가 있습니다. 그 사이를 지시선으로 연결하기만 하면 데이터를 보여주는 데 크게 무리가 없습니다. 정확히 표현하면 그래프 하나에 너무 많은 정보를 보여주기보다 그래프 하나당 하나의 메시지 정도로 정리해 디자인한 것입니다.

★ 같은 방향의 누적 막대 그래프를 추가하면 다음과 같이 또 다른 형태의 최종 그래프를 만들 수 있습니다. 기존의 범례가 들어가 있던 자리에 업종별 브랜드 수를 비교하는 그래프를 넣었으므로 원래의 그래프에 매출액을 다시 입력했습니다.

주요 외식업 가맹점 평균 매출액별 브랜드 수 분포
출처 : 2019년 말 기준 가맹산업 현황, 2020년 2월 27일, 공정거래위원회

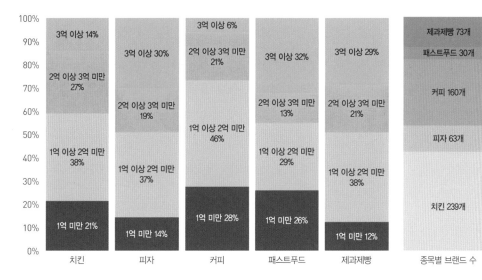

데이터 레벨 업

이번 단계에서는 기존의 누적 막대 그래프를 좀 더 변형한 경우를 살펴보겠습니다.

기존의 누적 막대 그래프의 한계는 모든 항목이 같은 너비이기 때문에 항목당 실제 수치를 반영하지 못한다는 데 있습니다. 실제 수치를 반영하는 방법을 살펴봅니다.

누적 막대 그래프의 너비를 전체 수치에서 차지하는 비율에 맞게 조정한 '모자이크 플롯'입니다. 기본형은 매출액 기준으로 나뉘어 있지만 외식업종 항목의 너비들이 각기 다른 것을 확인할 수 있습니다. 브랜드 수가 많은 치킨 항목의 너비는 넓게, 적은 패스트푸드 항목의 너비는 좁게 설정돼 있습니다.

이 방식으로 그래프를 편집하면 전체를 기준으로 누적 막대 그래프의 각 조각들의 영향력 (파급력)을 비교할 수 있습니다. 예를 들어, 패스트푸드의 경우 평균 매출액이 3억 이상인 브랜드가 패스트푸드 내에서는 가장 큰 비율을 차지하지만 다른 항목들과 비교할 때는 큰 비율이 아님을 조각들의 너비로 알 수 있습니다. 브랜드 수로는 당연히 치킨이 많습니다. 하지만 평균 매출액 1억 이상~2억 미만의 브랜드 수가 절대적으로 많으며, 치킨 브랜드로는 평균 매출액을 3억 이상 내기가 다른 업종들에 비해 좀 더 어렵다는 것을 알 수 있습니다.

모자이크 플롯은 오피스 프로그램에서 제공하지 않으므로 직접 수치를 계산해 그려야 한다는 단점이 있으나 그만큼 비율상에서 얻는 인사이트가 많은 시각화 방식입니다. 도형으로 그리는 그래프 방식을 무작정 무시할 수 없는 이유이기도 합니다.

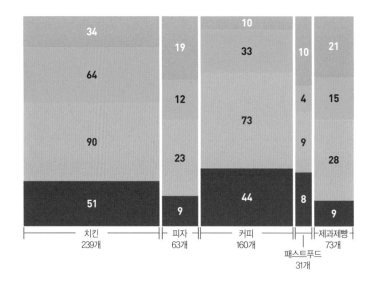

주요 외식업 가맹점
평균 매출액별
브랜드 수 분포

출처 : 2019년 말 기준 가맹산업 현황,
2020년 2월 27일, 공정거래위원회

| 평균 매출액 3억 이상 |
| 평균 매출액 2억 이상~3억 미만 |
| 평균 매출액 1억 이상~2억 미만 |
| 평균 매출액 1억 미만 |

파워포인트로 구현하기

❶ 자유형으로 지시선 그리기

• 파워포인트에서 [삽입] – [도형] – [자유형]을 선택합니다.

• 원하는 지점을 클릭&드래그로 클릭하고 〈ESC〉를 눌러서 종료합니다.

• 수직이나 수평으로 그리는 선은 〈Shift〉를 누른 상태에서 클릭&드래그해 그립니다.

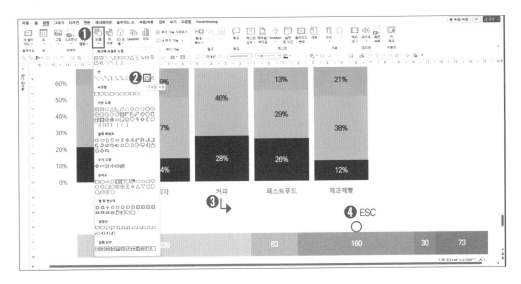

② 누적 막대 그래프로 모자이크 플롯 만들기

- 기존의 누적 막대 그래프를 도형으로 따라 그린 후 그룹화합니다.
- 항목별 필요한 너비를 계산합니다. 항목 전체의 너비를 임의로 15cm로 지정합니다. 전체 브랜드의 수는 565개이므로 이 중 239개인 치킨은 전체의 42%를 차지합니다. 이 길이대로 항목의 가로 길이를 도형 너비에 반영해 조정합니다.
- 간격을 조정해 그룹화한 후 적당한 위치로 조정합니다.

	치킨		피자		커피		패스트푸드		제과제빵		합계	
	개수	비율	개수	비율	개수	비율	개수	비율	개수	비율	개수	비율
	239	42%	63	11%	160	28%	30	5%	73	12%	565	100%
cm 변환	6.3cm		1.65cm		4.2cm		0.75cm		1.8cm		15cm	

M E M O

목표와의 차이
시각화

온실가스 감축 목표에 대비하는 방법

윤우람 사원은 중앙물류라는 회사의 운영 팀에서 근무하고 있다. 중앙물류는 물류전
문회사로 해상/항공/내륙운송을 지원하고 있다. 올해 운영계획에서 온실가스 감축
목표를 발표했는데 수송의 많은 부분을 감축해야 하는 만큼 그에 대한 대비가 필요
한 상황이다. 이에 이세웅 팀장은 윤우람 사원에게 부문별 감축 목표 중 수송이 어느
정도의 온실가스를 감축할 수 있는지 조사할 것을 지시했다.

1   국가 온실가스 감축 목표는 2050 탄소중립녹색성장위원회를 통해 확인할
    수 있다. 각 부문별 감축 목표뿐만 아니라 실제로 어떤 방법을 사용해 감축
    하는지도 확인해야 하기 때문에 관련 사이트를 꼭 살펴봐야 한다.

2   부문별로 감축 목표가 다르므로 감축해야 하는 비율을 계산해 비교하는 과
    정이 필요하다.

우리나라에서는 2050년까지 탄소중립을 달성하는 것을 국가비전으로 명시하고 2030년까
지 총 배출량 대비 40% 감축을 목표로 하고 있습니다. 세부적인 부문별 감출 목표는 아래
출처를 통해 확인합니다.

탄소중립은 국가에서 지정한다고 해서 이뤄지는 것이 아닙니다. 윤우람 사원의 회사처럼 회사 단위로도
목표를 위해 함께 움직여야 합니다. 목표를 달성하기 위해서는 우선 목표 정도를 파악하고 온실가스를 줄
여나가는 방법을 찾아야 합니다.

수치를 이용하면 좀 더 정확한 현재 상황과 노력해야 할 부분들을 알 수 있습니다. 실무에서는 현재와 목
표 시점의 차이를 시각화해 적용하고 있는데 이 경우 적절한 시각화를 위해 덤벨 차트를 활용합니다.

출처 : 2030 국가온실가스감축목표, 대통령소속 2050 탄소중립녹색성장위원회

Data visualization

덤벨 차트

덤벨 차트는 두 데이터를 표식으로 표기하고 그 사이를 선으로 연결하는 방식의 그래프로 두 지점뿐만 아니라 그 사이의 차이도 시각화하는 방법입니다. 오피스 프로그램의 경우 덤벨 차트 제작을 지원하지 않으므로 누적 막대 그래프를 변형해 사용합니다.

	데이터 1	데이터 2
덤벨 차트 1개 — **항목 1**	10	30

다음은 목표와 현재의 차이를 시각화하기 위해 가장 간단한 막대 그래프를 사용한 예시입니다. 항목별 목표 감소량의 차이를 나타내고 있습니다.

부문별 감축 목표(배출)

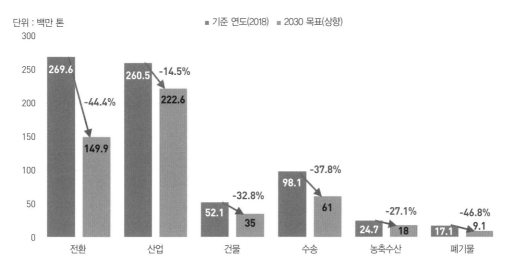

각 항목별 목표 수치는 기준 연도인 2018년보다 감소해야 하는 상황으로 앞의 그래프에서 각 배출량은 막대 그래프로 표현하고 감축 비율은 화살표와 숫자로 표시했습니다.

데이터 시각화 부분에서 이 자료의 개선점을 살펴보겠습니다.

데이터 시각화의 키포인트

데이터대로 그래프를 그리고 더 이상 편집하지 않기

부문별 감축 목표(배출)

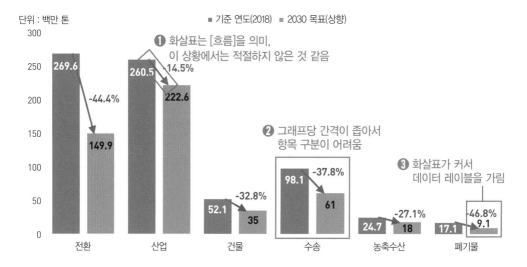

❶ 화살표로 개체와 개체를 연결하면 실제로 변화가 있는 것처럼 보입니다. 하지만 이 그래프는 2030년의 목표, 즉 아직 일어나지 않은 일과 현재의 차이를 강조하는 것이기 때문에 화살표가 적절해 보이지 않습니다.

❷ 항목당 그래프가 2개씩 들어가 있고 데이터 레이블의 너비 때문에 그래프가 넓게 표현돼 있습니다. 이렇게 되면 [전환], [산업] 등 각 항목 간의 거리 확보가 어렵기 때문에 구분이 깔끔해 보이지 않습니다.

❸ [전환]이나 [산업] 항목에서는 이 차이가 화살표로 인해 강조되는 것처럼 보이지만 [폐기물]이나 [농축수산] 항목에서는 오히려 화살표 때문에 데이터 레이블이 가려집니다.

더러는 기준 연도와 목표 연도 간에 시간적인 변화가 있으므로 화살표를 쓰는 것이 적절하다고 할 수도 있습니다. 물론, 일리 있는 의견이지만 목표 달성을 위해 그려진 그래프이므로 화살표보다 더 적절한 목표 표현이 필요합니다.

게다가 이 그래프에서는 화살표 크기가 크다 보니 [폐기물] 항목에 데이터 레이블, 감축률, 화살표가 뒤죽박죽 섞여 있습니다. 좀 더 정돈할 필요가 있습니다.

STEP 2

최적의 그래프 완성

부문별 감축 목표(배출) 출처 : 2030 국가온실가스감축목표, 대통령소속 2050 탄소중립녹색성장위원회
https://2050cnc.go.kr/base/contents/view?contentsNo=11&menuLevel=2&menuNo=13

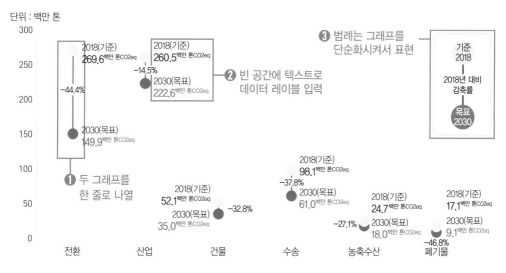

❶ 막대 그래프 2개로 표현했던 부분을 덤벨 차트를 이용해 한 줄에 나열할 수 있습니다. 항목당 들어가는 그래프 수도 줄어들면서 보조 설명을 쓸 수 있는 공간도 새롭게 만드는 방법입니다.

❷ 그래프 옆에 생긴 공간에 기준 연도 2018년과 목표 연도 2030년의 감축 목표를 따로 입력했습니다. 덤벨 차트에서 데이터를 표현하는 지점인 위아래 원형의 표식에 직접 데이터를 입력하기에는 공간이 작아서 빈 공간을 사용했습니다.

❸ 그래프의 각 부분이 무엇을 의미하는지 새로운 범례를 덤벨 차트와 같은 모양으로 만들었습니다. 그래프의 표식과 감축률이 그래프 중간에 적혀 있어서 도형만 봐도 파악할 수 있습니다.

데이터 레벨 업

기존의 막대 그래프를 덤벨 차트로 변형하면서 좀 더 그래프 내의 공간을 여유롭게 쓸 수 있게 됐습니다. 하지만 [농축수산] 항목과 [폐기물] 항목은 다른 항목에 비해 배출량과 목표량이 작지만 감축률 폭이 매우 큽니다. 감축률은 덤벨 차트의 선의 길이에 해당되므로 이 부분도 그래프에서 함께 보여주고 싶었습니다.

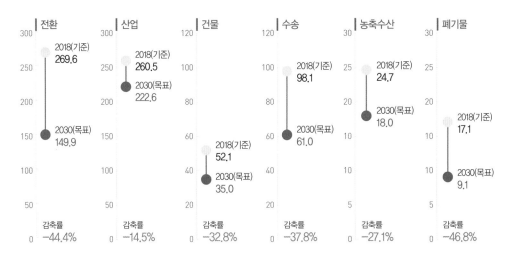

부문별 감축 목표(단위 : 백만 톤CO2eq) 출처 : 2030 국가온실가스감축목표, 대통령소속 2050 탄소중립녹색성장위원회
https://2050cnc.go.kr/base/contents/view?contentsNo=11&menuLevel=2&menuNo=13

이렇게 항목별로 단위 차이가 클 경우에는 그래프를 모두 분리해 사용할 수 있습니다. 위의 이미지를 자세히 보면 y축의 범위가 조금씩 다른 것을 알 수 있습니다. y축의 값이 조정되고 각 그래프당 축이 하나씩 부여되면서 감축률이 가장 잘 보이는 축 값 범위를 정할 수 있습니다.

파워포인트로 구현하기

🔳 누적 막대 그래프로 덤벨 차트 만들기

작업하기 전에 데이터가 보이는 구조를 파악해야 합니다. 파워포인트에서는 덤벨 차트를 지원하지 않으므로 누적 막대 그래프를 변형해 사용합니다. 이때 삽입되는 데이터의 구조는 다음과 같습니다.

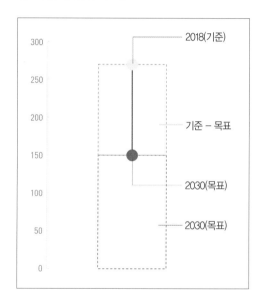

[삽입] – [차트] – [세로 막대형] – [누적 세로 막대형]을 선택해 데이터를 입력합니다. [기준 – 목표]는 2018(기준) 데이터에서 2030(목표) 데이터를 뺀 값입니다.

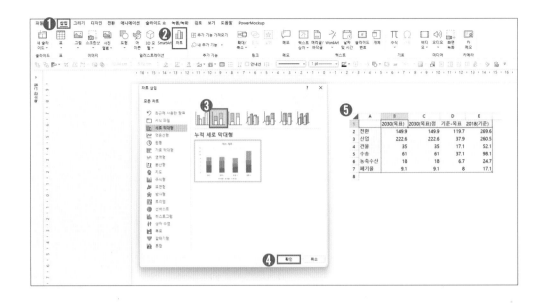

차트를 선택한 후 [차트 디자인] – [차트 종류 변경]에서 [혼합] 탭을 클릭합니다. '2030(목표)'와 '기준 – 목표' 항목은 누적 세로 막대형, 나머지 두 항목은 표식이 있는 꺾은 선형으로 변경합니다.

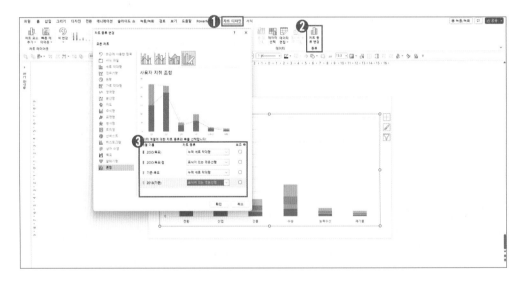

차트의 [기준 – 목표] 부분을 클릭한 후 [차트 디자인] – [차트 요소 추가] – [오차 막대] – [백분율]을 선택합니다.

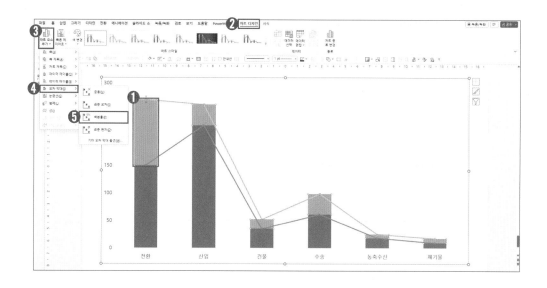

[서식] – [선택 영역 서식]을 선택해 그래프의 요소들을 편집합니다.

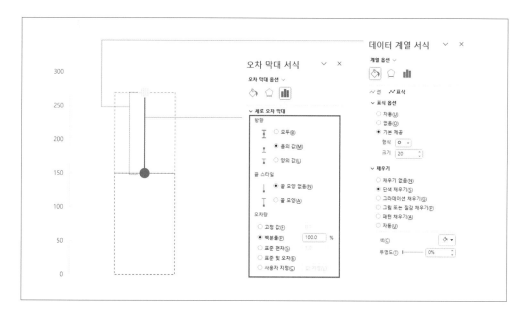

❶ 오차 막대 : 오차 막대 옵션에서 방향은 '음의 값', 끝 스타일은 '끝 모양 없음', 오차량은 '백분율 100%'로 지정합니다. 선 편집에서 두께와 색 등을 편집합니다.

❷ 표식이 있는 꺾은선 그래프 : 표식을 연결하는 선은 '없음'으로 설정하고 표식의 크기를 확대합니다. 현재와 목표의 표식을 다른 색으로 구분합니다.

❸ 누적 막대 그래프 : '채우기 없음'으로 편집합니다.

증가와 감소 과정
시각화

여러 가지 방법으로 사용량을 절감했을 때

느루금속의 오태연 사원은 새로운 금속 납품을 위한 입찰참가 서류를 만드는 중이다. 이번 참가에서 가장 강조할 점은 느루금속이 이전 사업에서 네 가지 방법을 사용해 원자재의 사용량을 획기적으로 줄였다는 것인데 이를 강조할 시각화 방법을 고민 중이다.

1   느루금속에서 원자재 절약을 적용한 전과 후의 자재 사용량을 동시에 비교할 수 있는 방법을 선택해야 한다.
2   절약 방법에 대한 설명이 추가돼야 한다.

데이터의 증가와 감소는 항목이나 시간 차이를 두고 순차적으로 발생하지만 정지돼 있는 이미지에서 이 과정을 보여주기는 쉽지 않습니다.
이번에는 여러 개의 항목으로 구성된 그래프를 분리한 형태를 살펴보겠습니다.
바로 이전 데이터에서 값이 줄어들거나 증가하면 다음 데이터에도 영향을 주는 그래프인 워터폴 차트입니다.

Data visualization

워터폴 차트

워터폴 차트는 데이터의 감소와 증가를 순차적으로 그려낸 것으로 시작 지점의 데이터에 증가 및 감소하는 데이터를 바로 연결해 보여줍니다.

시작 값과 끝 값 사이의 증가하거나 감소하는 데이터는 그래프에 떠 있는 것처럼 표현됩니다.

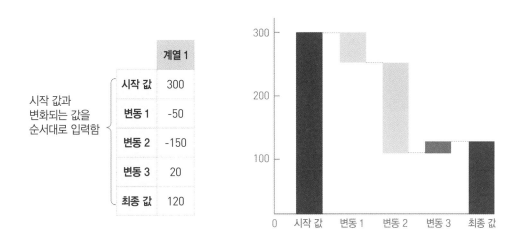

워터폴 차트는 폭포가 떨어지는 것 같은 모양에서 착안한 이름인데 폭포가 각기 다른 곳에서 떨어지기도 하고 반대로 올라가기도 합니다. 차트의 방향에 영향을 주는 것은 바로 이전 데이터와 현재 추가되는 데이터의 현황입니다. 막대 그래프 같은 이전 데이터의 끝 지점에서 증가하거나 감소하는 그래프가 연결돼 최종 수치까지 표현됩니다.

이 그래프는 제 경험상 사업제안서를 작성할 때 유용합니다. 제안 시 중요한 위치를 차지하는 원자재 절감 과정을 좀 더 시각적으로 전달할 수 있습니다.

관련 자료를 막대 그래프에 설명을 추가해 다음과 같이 만들어 봤습니다.

사업 적용 후 사용량 절감 내역(단위 : 만 톤)

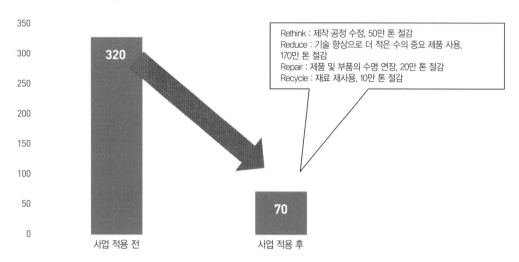

Rethink : 제작 공정 수정, 50만 톤 절감
Reduce : 기술 향상으로 더 적은 수의 중요 제품 사용,
170만 톤 절감
Repair : 제품 및 부품의 수명 연장, 20만 톤 절감
Recycle : 재료 재사용, 10만 톤 절감

이 그래프의 가장 큰 장점은 만들기가 쉽다는 것입니다. '사업 적용 전에 320만 톤 사용되던 원자재를 사업 적용 후에는 70만 톤으로 줄일 수 있다'라는 메시지를 남기기에는 매우 좋은 방법으로 보입니다. 하지만 사업 적용 후의 그래프와 연결된 말풍선 안의 내용을 주목하는 사람들이 얼마나 될까요? 이 자료에서 어떤 부분을 수정해야 할지 살펴보겠습니다.

STEP 1

데이터 시각화의 키포인트

사업 적용 후 사용량 절감 내역(단위 : 만 톤)

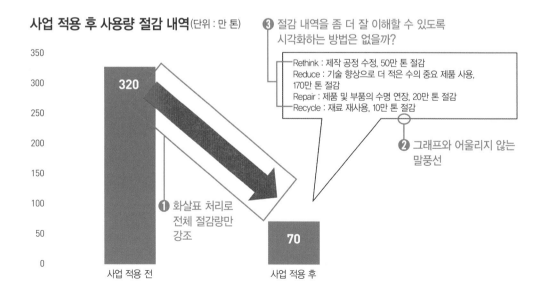

❸ 절감 내역을 좀 더 잘 이해할 수 있도록 시각화하는 방법은 없을까?

Rethink : 제작 공정 수정, 50만 톤 절감
Reduce : 기술 향상으로 더 적은 수의 중요 제품 사용,
170만 톤 절감
Repair : 제품 및 부품의 수명 연장, 20만 톤 절감
Recycle : 재료 재사용, 10만 톤 절감

❷ 그래프와 어울리지 않는 말풍선

❶ 화살표 처리로 전체 절감량만 강조

❶ 그래프가 [사업 적용 전]과 [사업 적용 후]로 나눠졌기 때문에 절감 항목에 대한 구분은 보이지 않습니다. 이 그래프로만 보면 [사업 적용 전]과 [사업 적용 후]에 사용된 자원의 양을 단순히 비교한 것처럼 보입니다. 전체 데이터가 줄어들었기 때문에 화살표로 표기하기는 했지만 전후만 강조하는 효과가 있습니다.

❷ 말풍선의 끝부분이 너무 길게 늘어져 있습니다. 이 경우에는 텍스트를 조금 움직여서 그래프와 가까운 곳에 배치하거나 다른 식으로 그래프의 부가 설명을 더하는 방법을 고려해 봐야 합니다.

❸ 그래프에 내용을 추가하기 위해 기본 도형인 말풍선 안에 절감 내역을 통째로 집어넣었습니다. 그래프에 부가적인 설명들을 입력할 때는 텍스트도 용도에 따라 편집해야 합니다. 현재 말풍선 안의 내용은 절감 유형, 절감 방법 설명, 절감량 모두 같은 디자인으로 편집돼 있습니다. 자료를 시각화할 때는 개체의 역할에 따라 디자인과 위치를 적절하게 분리해야 합니다.

이 그래프만으로도 사업 적용 후에 원자재를 얼마나 절감할 수 있을지 파악할 수는 있습니다. 여기서 자세한 데이터 분석을 위해서는 한 걸음 더 나아가야 합니다. 이번에는 기존의 그래프로는 바로 파악할 수 없는 부분을 찾아내기 위해 새로운 그래프를 도입할 것입니다. 항목과 시차별로 절감 효과를 구분해 보기 위해서입니다.

최적의 그래프 완성

❶ 워터폴 차트로 데이터를 표현해 절감 항목별 절감량 비교가 가능하게 했습니다. 한쪽으로 몰려보였던 구성상의 문제도 그래프가 중심에 놓이면서 해결됐습니다.

❷ 그래프의 부가 설명을 역할에 따라 따로 편집했습니다. 절감 유형을 주요 키워드로 하고 두께와 색을 적용해 강조돼 보이도록 편집하고, 유형 설명을 부가적으로 보이도록 크기를 줄이고 두께가 얇은 폰트로 편집해 유형설명을 자료 상단에 몰아서 배치하면 그래프에 일일이 추가하는 것보다는 좀 더 깔끔하게 정리할 수 있습니다. 그래프와 항목 사이는 선으로 연결하고 주요 단어와 그래프를 같은 색으로 편집해 한 항목에 대한 설명이라는 것을 표시해 줬습니다.

❸ 사업 적용 전과 사업 적용 후의 수량을 다른 톤의 색으로 편집해 절감 항목과 구분되도록 했습니다. 이전 원본에서 장점으로 남은 부분을 개선안에 적용한 것입니다.

❹ 데이터 레이블에 "만 톤"이라는 단위를 입력해 절감량 파악이 가능하도록 했습니다. 그래프의 데이터 레이블을 입력할 때 단위를 추가하는 옵션을 넣으면 글상자가 아니더라도 그래프에 단위 텍스트를 입력할 수 있습니다.

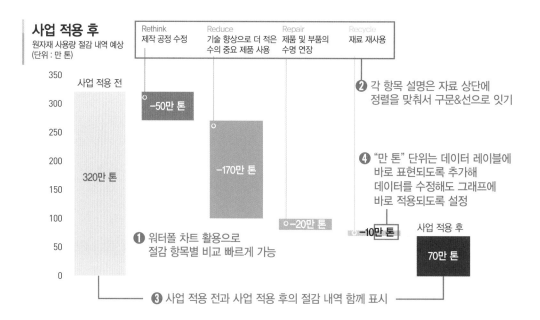

워터폴 차트를 사용하면 데이터의 증가나 감소를 개별적으로 분리해 나타낼 수 있습니다. 그래프를 보면 총 네 가지의 절감 유형 중 Reduce는 기술 향상으로 더 적은 수의 중요 제품을 사용해 원자재 사용량을 줄이는 효과가 제일 큽니다. 여기서 다음 단계로 나아갈 전략을 짠다면 제품 및 부품의 수명을 연장하는 대상(Repair)을 더 늘리거나 재료를 재사용하기 위해 필요한 기술 개발(Recycle)을 해서 다른 항목의 절감 효과를 더 늘리는 전략을 세워야 합니다.

원본 문서를 그래프로 변환할 때 짚고 넘어가야 하는 부분은 부가 설명입니다. 그래프상에서 수치로 표현될 수 없으므로 그래프와 공간을 분리해 따로 배치하거나 원본처럼 그래프 안에 둘 수 있습니다. 그러나 텍스트를 통째로 특정 위치에 놓는다고 해서 끝나는 것이 아닙니다. 역할에 따라 글을 쪼개거나 다른 방식으로 편집해 줘야 합니다. 데이터 시각화에서는 그래프뿐만 아니라 그래프를 설명하는 텍스트들도 편집 요소이기 때문에 텍스트 편집에 따라 같은 그래프라도 전달되는 정도가 달라집니다.

STEP 3

데이터 레벨 업

이번 단계에서는 워터폴 차트 외에 좀 더 직관적으로 절감 효과를 보여줄 수 있는 방법으로 여러 개의 정사각형을 사용해 봤습니다.

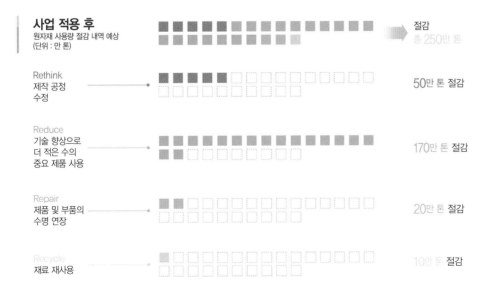

최종 원자재 절감량이 총 250만 톤이므로 총 25개의 정사각형을 그렸습니다. 정사각형 하나당 10만 톤으로 환산하는 것인데 50만 톤은 정사각형 5개, 170만 톤은 정사각형 17개, 20만 톤은 정사각형 2개, 10만 톤은 정사각형 1개로 그려서 표현하는 것입니다.

앞서의 그래프는 막대의 높이로 차이를 파악했다면 이번에는 정사각형의 개수 차이로 항목별 차이를 비교할 수 있습니다.

도형으로 데이터를 표현할 경우에는 기존의 그래프를 따라 그리는 부담감으로 시도조차 못하는 경우가 많습니다. 하지만 이렇게 같은 크기의 도형을 줄을 맞춰 나열할 수만 있어도 데이터 표현이 가능합니다.

파워포인트로 구현하기

① 데이터 레이블에 "만 톤" 단위 붙이기

그래프에 데이터 레이블을 추가하고 클릭합니다. 차트를 선택한 후 **[차트 디자인]** – **[차트 요소 추가]** – **[데이터 레이블]**을 선택해 원하는 위치를 선택합니다. 이 그래프에서는 **[가운데]**를 선택 했습니다.

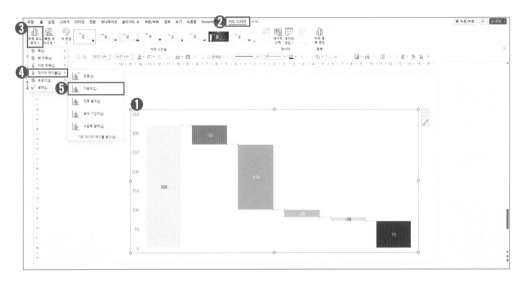

- 데이터 레이블을 클릭한 후 **[서식]** – **[선택 영역 서식]**을 선택합니다.
- **[데이터 레이블 서식]**에서 **[표시 형식]**의 서식 코드에 'G/표준'이 입력돼 있습니다. 이 내용 다음에 **"만 톤"**을 입력하고 '추가' 버튼을 클릭합니다.

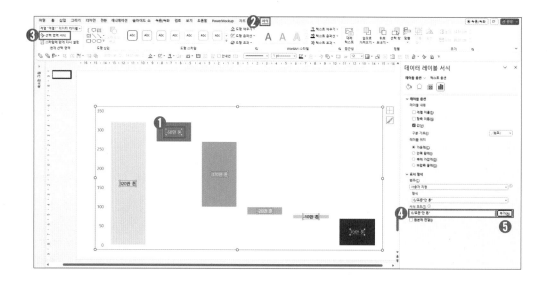

2 개체의 복사와 정렬법

- 파워포인트에서 **[삽입] – [도형] – [직사각형]**을 선택합니다.
- 〈Shift〉를 누른 채 그리면 정사각형이 그려집니다.
- 한 도형을 클릭한 채 〈Ctrl+Shift〉를 눌러서 클릭&드래그하면 같은 도형을 정렬을 유지한 채 복사할 수 있습니다.
- 복사한 도형들의 정렬을 맞추고 싶다면 메뉴들을 이용할 수 있습니다. 도형들을 선택하고 **[홈] – [정렬] – [맞춤] – [중간 맞춤]**을 선택합니다.

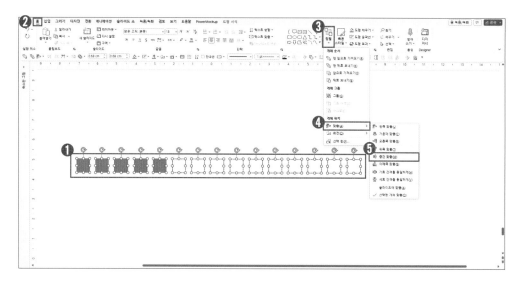

MEMO

13

데이터 시각화
실무 활용

여러분은 이 책을 통해 기존의 그래프를 새롭게 편집하는 방법이나 아주 새로운 그래프들을 접해 봤을 것입니다. 그리고 본인의 일에 이 그래프들을 적용해 볼 방법을 고민했을 것입니다.

그 고민 해결에 도움을 주기 위해 간단한 템플릿들을 준비했습니다. 그래프와 데이터 시각화 요소가 삽입된 템플릿인데 이 템플릿들을 기반으로 원하는 정보를 입력해 데이터 시각화 자료를 완성할 수 있습니다.

템플릿에는 기본적인 그래프들을 배치했으나 이 책에서 배운 그래프를 활용한 응용도 가능하니 도전해 보기를 바랍니다.

Data visualization

1 그래프에서 원인과 결론을 찾는 템플릿

그래프의 제목/슬라이드의 주제를 입력합니다.

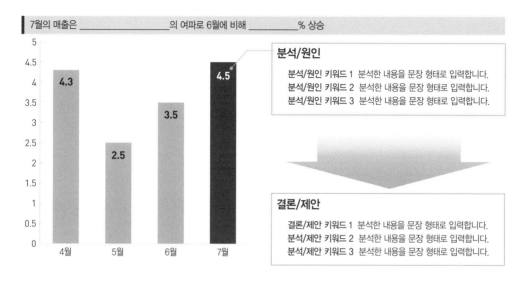

- 슬라이드를 두 공간으로 분할해 사용하는 구조입니다. 이때 사용하는 그래프는 가로 방향으로 짧고, 세로 방향으로 긴 것이 어울립니다. 보통 가로 방향에 시간의 변화가 들어가는 경우가 많으므로 짧은 기간 안의 변화나 수치 비교를 보여줄 때 유용합니다.
- 그래프에서 연결된 선이 오른쪽의 사각형 박스와 연결됩니다. 보통 위에서 아래로 정보를 읽어내려가기 때문에 위에는 그래프를 보고 파악한 분석 내용이나 원인에 대한 내용이 배치되고, 아래에는 이 내용을 바탕으로 도출한 결론이나 제안 내용을 배치합니다. 각 박스 사이에는 흐름을 보여주기 위해 보통 화살표를 넓게 배치해 읽는 순서를 제시합니다.

응용 방법

1. 색을 넣어보자

그래프의 제목/슬라이드의 주제를 입력합니다.

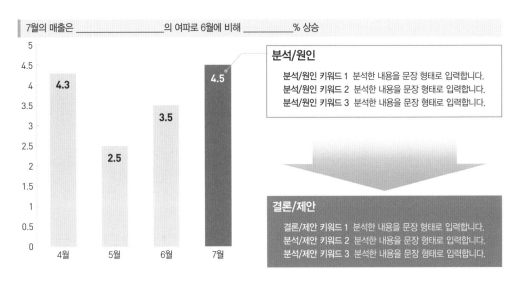

색의 적용이 필요할 경우 다음과 같이 표현해 보겠습니다.

그래프의 전체 항목에서 7월의 데이터가 가장 주목받는 상황이므로 해당 구간의 그래프에는 진한 색을 적용하고 나머지 그래프에는 회색을 적용합니다.

분석/원인보다 결론/제안의 내용이 좀 더 중요할 경우 해당 박스에 색을 채웁니다. 이때 분석/원인의 박스 색은 흰색으로 두되, 윤곽선의 색을 7월 그래프를 채운 강조색과 통일해 서로 연관된 내용이라는 것을 표현해 줍니다.

2. 그래프의 종류를 바꿔보자

그래프의 제목/슬라이드의 주제를 입력합니다.

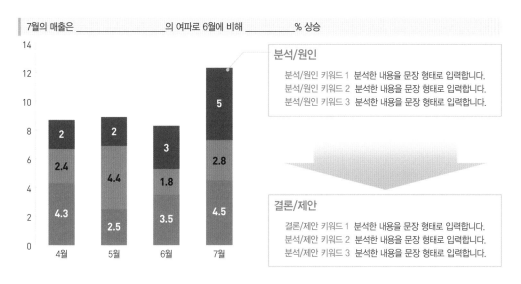

슬라이드의 공간에 적절한 그래프가 있다면 기존의 그래프를 바꿀 수 있습니다. 세로형의 그래프 예시로 누적 막대 그래프를 써보겠습니다.

그래프의 형태뿐만 아니라 x축 항목의 개수도 레이아웃을 정할 때 중요한 요소입니다. 4~5 개 정도의 항목이면 적합할 것 같습니다. 이보다 긴 개수의 x축이라면 이 레이아웃에는 적절하지 않으므로 다른 레이아웃을 찾아봐야 합니다.

2 하단에는 그래프, 상단에는 수치를 입력하는 템플릿

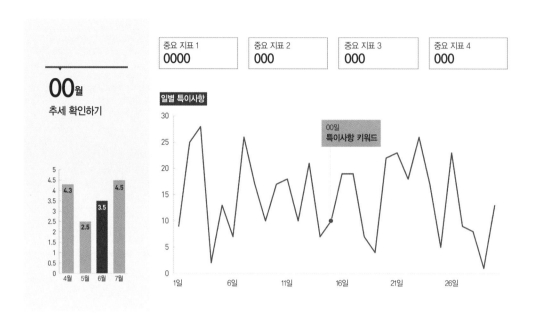

- 데이터의 중요도에 따라 레이아웃을 구성해 봤습니다. 매달 또는 주기별로 바뀌는 대표 데이터와 세부적인 데이터를 나눠서 편집했습니다.
- 템플릿에서 다루는 데이터는 시기가 길기 때문에 가장 넓은 공간을 할애해 배치하고, 중요 지표처럼 숫자 하나로 표현이 가능한 부분은 모두 위로 모아서 상단에 배치했습니다. 때로는 숫자 하나로 현재 상황을 표현하기도 합니다.
- 문서 기준으로 보면 [00월 추세 확인하기] 부분이 표지에 해당됩니다. 제목 하나만 넣는 것도 나쁘지 않지만 부제를 넣거나 간략하게 요약한 그래프를 넣어서 표시하기도 합니다.

응용 방법

1. 색을 넣어보자

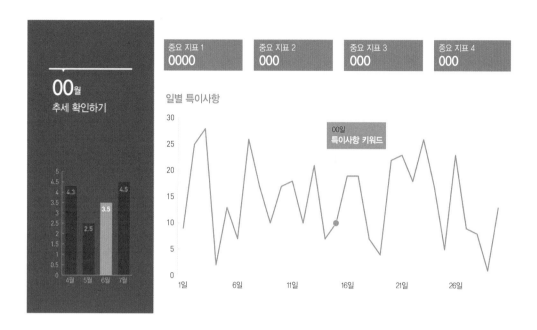

이번에는 가장 왼쪽, 즉 표지에 해당하는 부분에 색을 진하게 넣어봤습니다. 물론, 이 방법이 과하게 느껴진다면 원본처럼 배경에 해당하는 부분은 회색으로 유지해도 됩니다.

그리고 [일별 특이사항]의 주제색을 주황색으로 정하고 선, 표식, 키워드 박스 모두 같은 계열의 색으로 통일했습니다. 이것은 다루는 부분을 구분하고 싶었기 때문인데 이것도 다양하게 응용해 볼 수 있습니다.

2. 두 개의 그래프를 사용하자

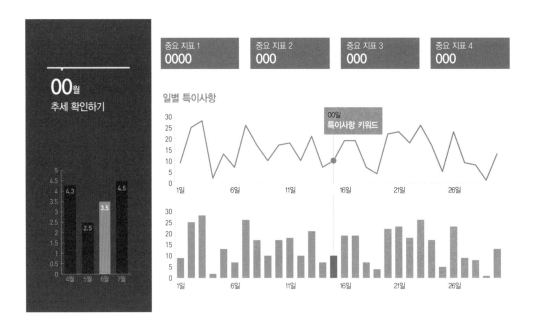

만약 같은 기간에 다른 항목을 다룬 그래프를 넣어야 한다면 어떻게 해야 할까요? 물론, 다른 꺾은선 그래프를 추가해 작업할 수도 있지만 꺾은선 그래프는 시간, 추세, 변화를 나타내고, 막대 그래프는 일별 수량을 비교할 수 있기 때문에 데이터의 성격에 따라 그래프를 분리하는 방법을 추천합니다.

이 경우 그래프의 y축 값이 바뀐다 해도 다른 그래프에서 생기는 일이기 때문에 큰 무리 없이 2개의 그래프를 동시에 확인할 수 있습니다.

여기서 특정 일자의 데이터를 강조해야 한다면 꺾은선 그래프의 표식을 편집한 것처럼 막대 그래프에서도 조금은 다르게 편집하는 것이 좋습니다. 예시처럼 선을 연결한다거나 색을 바꾸는 등 그래프가 전달하는 내용을 해치지 않는 선에서 편집합니다.

3 여러 개의 그래프를 배치하는 법

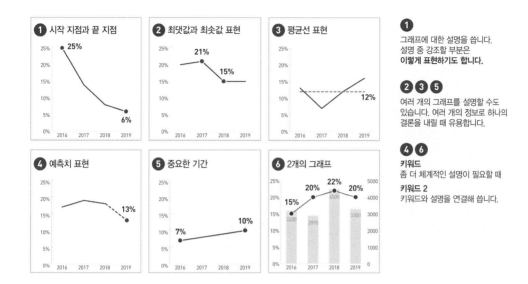

• 하나의 그래프에 여러 개의 데이터를 표현하려면 그래프가 복잡해집니다. 이럴 때는 그래프를 분리시켜 보는 사람의 피로도를 줄여줍니다.

• 총 6개의 그래프 공간과 오른쪽에 부가적인 설명을 넣을 수 있는 공간을 뒀습니다. 그래프는 모두 같은 기간의 수치 변화를 나타내는 꺾은선 그래프를 기본으로 하고 있습니다.

• 그래프에 대한 설명은 잘 정리해 템플릿의 오른쪽에 배치했습니다. 그래프 하나에 대한 설명과 강조가 필요하기도 하고, 여러 개의 그래프를 한번에 설명할 때도 있습니다. 내용이 길어지거나 '키워드-자세한 설명' 등의 구조가 만들어진다면 키워드를 중심으로 표현하는 방법도 있습니다.

• 예시로 든 6가지의 데이터 편집유형은 상황에 따라 적절한 것을 골라 사용하면 됩니다. 각 기간동안 어떤 항목에 초점을 맞춰 강조해야 할지를 생각해보고 디자인을 반복하여 사용해 보세요. 좀 더 적절한 예시는 다음페이지에서 확인할 수 있습니다.

응용 방법
1. 그래프의 디자인을 통일하고, 색으로 구분하자

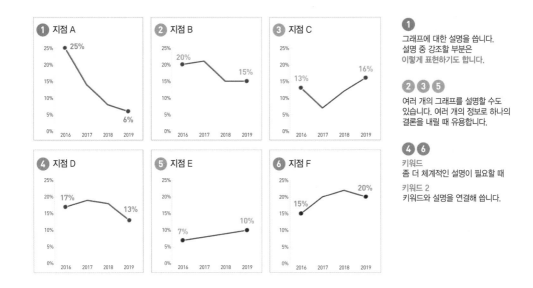

여러 개의 그래프 중 시작 지점과 끝 지점을 강조하는 그래프 디자인을 사용해 편집해 봤습니다. 앞서보다 색을 제한된 곳에만 사용했습니다. 총 3개의 그룹을 나타내는 그래프에도 일일이 색을 다르게 하면 산만해 보일 수 있으므로 그래프 자체는 무채색으로 하고 번호와 데이터 레이블에만 색을 넣었습니다.

번호와 키워드 등 강조하는 글자만 같은 색으로 배치해도 그래프의 성격을 구분할 수 있고 같은 카테고리임을 알 수 있습니다. 너무 과하지 않게 그래프의 구분 색을 적용하도록 합니다.

4 표의 내용 활용하기

표의 제목을 입력합니다.

____구간의 ____항목은 점점 증가하는 형태를 띤다.

제목을 입력합니다.	제목을 입력합니다(항목 1).	제목을 입력합니다(항목 2).	제목을 입력합니다(항목 3).
세부적인 내용을 추가합니다.	세부적인 내용을 추가합니다.	세부적인 내용을 추가합니다.	세부적인 내용을 추가합니다.
세부적인 내용을 추가합니다. (1번)	세부적인 내용을 추가합니다.	세부적인 내용을 추가합니다.	세부적인 내용을 추가합니다.
세부적인 내용을 추가합니다. (2번)	세부적인 내용을 추가합니다.	세부적인 내용을 추가합니다.	세부적인 내용을 추가합니다.
세부적인 내용을 추가합니다. (3번)	세부적인 내용을 추가합니다.	세부적인 내용을 추가합니다.	세부적인 내용을 추가합니다.
세부적인 내용을 추가합니다.	세부적인 내용을 추가합니다.	세부적인 내용을 추가합니다.	세부적인 내용을 추가합니다.

그래프의 제목을 입력합니다.

그래프가 의미하는 내용을 입력합니다.

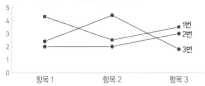

1번
1번 그래프의 추세가 의미하는 것을 설명합니다.

2번
2번 그래프의 추세가 의미하는 것을 설명합니다.

3번
3번 그래프의 추세가 의미하는 것을 설명합니다.

- 표와 그래프를 동시에 배치할 때 유용한 레이아웃입니다. 여기서는 배치뿐만 아니라 특정 구간의 표를 강조하는 방식도 사용해 봤습니다. 총 3개 항목을 설명하는 3개의 그래프를 꺾은 선 형태로 배치하면 그래프의 수치가 항목에 따라 어떻게 바뀌는지 설명할 수 있습니다.

- 레이아웃에서 표는 가로 방향으로 길게 편집돼 있으므로 나머지는 표 아래의 공간을 분할해 이용합니다. 그래프가 놓이는 곳과 설명이 들어갈 공간을 미리 나눠 놓으면 그래프나 텍스트 같은 작업 요소들을 훨씬 효율적으로 사용할 수 있습니다.

응용 방법

1. 색을 넣어보자

표의 제목을 입력합니다.

___구간의 ___항목은 점점 증가하는 형태를 띤다.			
제목을 입력합니다.	**제목을 입력합니다(항목 1).**	**제목을 입력합니다(항목 2).**	**제목을 입력합니다(항목 3).**
세부적인 내용을 추가합니다.	세부적인 내용을 추가합니다.	세부적인 내용을 추가합니다.	세부적인 내용을 추가합니다.
세부적인 내용을 추가합니다. (1번)	세부적인 내용을 추가합니다.	세부적인 내용을 추가합니다.	세부적인 내용을 추가합니다.
세부적인 내용을 추가합니다. (2번)	세부적인 내용을 추가합니다.	세부적인 내용을 추가합니다.	세부적인 내용을 추가합니다.
세부적인 내용을 추가합니다. (3번)	세부적인 내용을 추가합니다.	세부적인 내용을 추가합니다.	세부적인 내용을 추가합니다.
세부적인 내용을 추가합니다.	세부적인 내용을 추가합니다.	세부적인 내용을 추가합니다.	세부적인 내용을 추가합니다.

그래프의 제목을 입력합니다.
그래프가 의미하는 내용을 입력합니다.

■ 1번
1번 그래프의 추세가 의미하는 것을 설명합니다.

◆ 2번
2번 그래프의 추세가 의미하는 것을 설명합니다.

● 3번
3번 그래프의 추세가 의미하는 것을 설명합니다.

표의 경우 상단의 제목 부분과 왼쪽의 카테고리 부분이 나뉩니다. 이 경우 두 종류의 셀에 모두 동일한 색을 넣지 말고 한쪽은 무채색 계열의 색을 채워서 균형을 맞춥니다.

하단의 그래프에는 색을 넣은 다른 모양의 표식이 있는데 그 표식을 오른쪽의 텍스트 부분에도 삽입했습니다. 여러 개의 꺾은선 그래프를 한 그래프 안에 배치할 경우 그래프의 색을 다르게 해서 구분할 수도 있지만 색 때문에 통일성이 떨어져 보일 수도 있습니다. 이럴 경우에는 표식의 모양을 달리해 그래프를 구분합니다. 표식의 모양은 도형으로 구현이 가능하므로 텍스트가 들어가 있는 부분에 추가해 그래프와 텍스트의 내용을 연관 짓도록 편집합니다.

2. 텍스트의 레이아웃을 바꿔보자

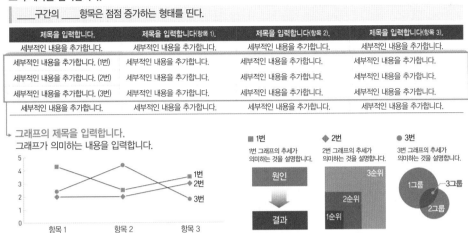

텍스트 부분에도 레이아웃 개념을 적용해 편집할 수 있습니다. 일반적으로 텍스트는 위에서 아래로, 왼쪽에서 오른쪽으로 읽습니다. 그러다 보니 상대적으로 문서의 오른쪽이나 아래쪽이 비어 보입니다. 이 부분을 채울 수 있는 방법은 예시처럼 나열 방식을 왼쪽에서 오른쪽으로 하는 것입니다.

또한 텍스트로는 설명하기 어려운 복잡한 내용들이 있을 경우에는 여기에 도형을 이용한 도식화를 적용합니다. 원인과 결과, 포함관계, 교집합 등의 다양한 관계를 도식화할 수 있습니다.

PLUS
데이터
시각화
스터디
가이드

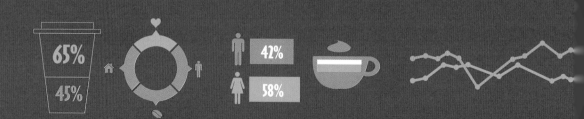

48%

- 데이터 시각화를 위한 참고 사이트
- 도전해 볼 만한 프로젝트
- 추천도서

87% 36% 74%

28% 31% 41%

PLUS

여러 해결 방법들을 거치며 드디어 마지막 장에 이르렀습니다.

모두 수고 많으셨습니다.

여기서는 데이터 시각화를 공부하는 방법에 대해 이야기하려고 합니다. 실무에서 새로운 것을 익힐 때는 설렘보다는 약간 두려움이 앞서는 것이 사실입니다. 매번 새로운 과제 해결을 위해 방법들을 찾고, 이 방법을 내것으로 잘 활용할 수 있는 길들을 탐색하게 됩니다.

제 경우는 주로 작업하던 파워포인트 문서에 '데이터'라는 요소를 좀 더 강조하기 위해 데이터 시각화를 공부하기 시작했습니다. 혼자 책 읽기로 시작했지만 관심사가 같은 사람들끼리 스터디를 하다가 공모전에 도전하고, 관련된 콘텐츠들을 블로그에 모으면서 데이터 시각화 공부에 방향을 잡아가게 됐습니다. 그 결과물이 이 책이 아닐까 생각합니다.

지금도 데이터 시각화에 관심을 갖고 꾸준히 공부하고 있습니다.

저처럼 데이터 시각화를 처음 공부해 보는 분들에게 도움이 될 만한 콘텐츠들을 다음과 같이 정리해 봤습니다.

● 데이터 시각화를 위한 참고 사이트

오랜 기획기간을 거친 후 데이터를 바탕으로 쓰이는 기사들은 데이터 저널리즘의 대표적인 결과물입니다. 특히 많고 복잡한 데이터를 일반 독자들에게 전달하기 위해 다양한 인터랙티브 요소를 넣습니다. 웹사이트에서 원하는 그래프를 선택하면 갑자기 확대된다거나 스크롤을 내리면 특정 지역에서 발생한 일들이 등장하는 등의 요소입니다. 이처럼 텍스트보다 훨씬 생동감 있는 표현 방법과 그래프 스타일에 눈이 가면서 데이터 시각화에 관심이 가기 시작했습니다.

대표적인 데이터 저널리즘 사이트로는 '로이터 그래픽스'를 들 수 있습니다. 영국의 뉴스 및 정보 제공 기업인 로이터에서 발행한 데이터 저널리즘 기사들을 그래픽과 함께 볼 수 있는 사이트입니다.

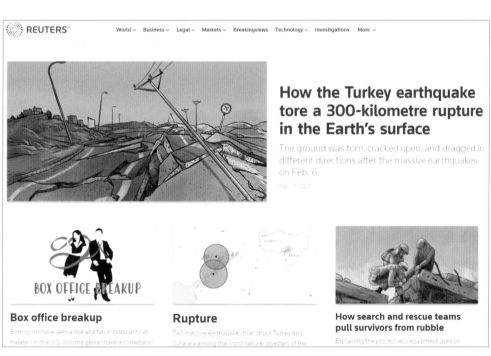

출처 : 로이터 그래픽스 메인 페이지
https://graphics.reuters.com/

이 사이트를 통해 인상 깊게 봤던 콘텐츠를 하나 소개하겠습니다. "The race to save the river ganges"라는 기사로 인도 4억 명의 식수원인 갠지스강을 살리기 위한 정부의 노력과 현황을 보여주는 기사입니다. 아래로 한없이 늘릴 수 있는 웹사이트의 특징을 이용해 갠지스강 상류부터 하류까지 쌓이는 쓰레기 등을 그래프로 보는 느낌은 가히 충격적이었습니다.

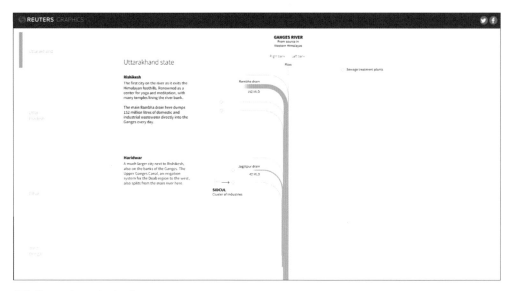

출처 : The race to save the river Ganges
https://www.reuters.com/graphics/INDIA-RIVER/010081TW39P/index.html

다음 이미지처럼 도형의 면적을 이용해 위치에 따라 변하는 수치를 표현한 그래프를 '생키 다이어그램(Sankey Diagram)'이라고 합니다. 이 방식을 참고해 정부 예산의 흐름이 어떤 방향으로 얼마나 흘러가는지를 디자인하기도 했습니다.

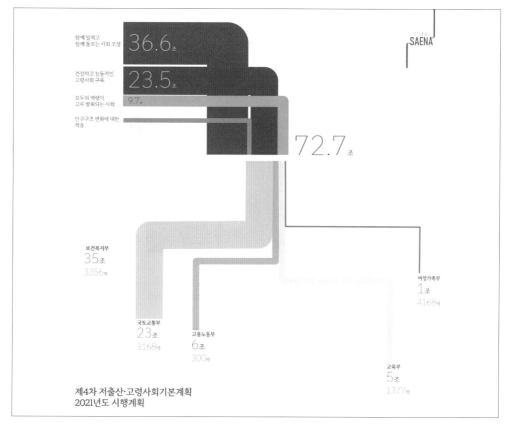

출처 : 제4차 저출산·고령화사회 기본 계획 2021년도 시행계획

http://www.betterfuture.go.kr/front/policySpace/basicPlanDetail.do?articleId=106&listLen=10&searchKeyword=&position=S

이처럼 콘텐츠 하나를 만들기 위해 웹사이트를 통째로 구성하는 것 외에도 그래프가 들어간 보고서를 주로 볼 수 있는 사이트도 있습니다.

미국의 퓨 리서치 센터는 여론조사, 인구통계조사, 기타 사회과학 연구를 수행하고 연구 보고서를 발간합니다.

출처 : 퓨 리서치 센터
https://www.pewresearch.org/

이 사이트에 나온 대부분의 보고서들은 텍스트와 이미지 형태의 그래프를 제시합니다. 여기에 사용된 그래프는 대부분 막대 그래프나 꺾은선 그래프 또는 경사 그래프(꺾은선 그래프의 축소된 버전으로 주로 두 가지 시점 사이의 여러 항목을 표현함)로 실무에서 자주 쓰이는 그래프입니다. 주요 내용은 텍스트로 전달하고 그래프를 보조 역할로 사용하려는 경우에 참고할 만한 보고서 형식입니다.

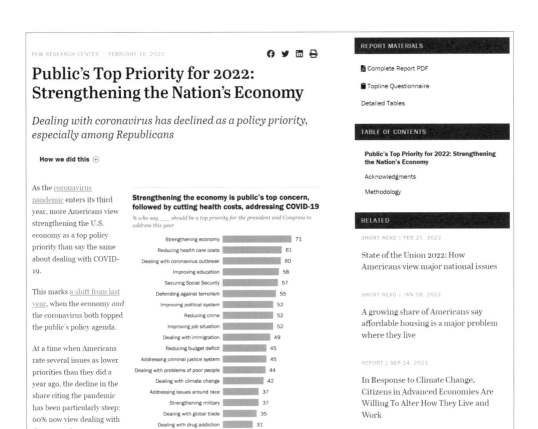

PEW RESEARCH CENTER | FEBRUARY 16, 2022

Public's Top Priority for 2022: Strengthening the Nation's Economy

Dealing with coronavirus has declined as a policy priority, especially among Republicans

How we did this ⊕

As the coronavirus pandemic enters its third year, more Americans view strengthening the U.S. economy as a top policy priority than say the same about dealing with COVID-19.

This marks a shift from last year, when the economy *and* the coronavirus both topped the public's policy agenda.

At a time when Americans rate several issues as lower priorities than they did a year ago, the decline in the share citing the pandemic has been particularly steep: 60% now view dealing with the coronavirus as a top

Strengthening the economy is public's top concern, followed by cutting health costs, addressing COVID-19

% who say _____ should be a top priority for the president and Congress to address this year

Strengthening economy	71
Reducing health care costs	61
Dealing with coronavirus outbreak	60
Improving education	58
Securing Social Security	57
Defending against terrorism	55
Improving political system	52
Reducing crime	52
Improving job situation	52
Dealing with immigration	49
Reducing budget deficit	45
Addressing criminal justice system	45
Dealing with problems of poor people	44
Dealing with climate change	42
Addressing issues around race	37
Strengthening military	37
Dealing with global trade	35
Dealing with drug addiction	31

RELATED

SHORT READ | FEB 25, 2022

State of the Union 2022: How Americans view major national issues

SHORT READ | JAN 18, 2022

A growing share of Americans say affordable housing is a major problem where they live

REPORT | SEP 14, 2021

In Response to Climate Change, Citizens in Advanced Economies Are Willing To Alter How They Live and Work

Changing public priorities: Economy, coronavirus, jobs

While the economy continues to lead the public's list of priorities, there has been a decline in the share of Americans, especially Democrats, who view it as a top policy priority. The share of Democrats and independents who lean toward the Democratic Party who say strengthening the economy should be a top priority has fallen from 75% a year ago to 63% today.

By contrast, there has been almost no change in views among Republicans and GOP leaners (85% top priority then, 82% today).

Compared with last year, fewer Americans view the economy, jobs and coronavirus as top policy priorities

% who say _____ should be a top priority for the president and Congress to address this year

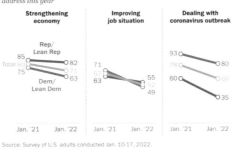

Source: Survey of U.S. adults conducted Jan. 10-17, 2022.
PEW RESEARCH CENTER

출처 : Public's Top Priority for 2022:Strengthening the nation's Economy

https://www.pewresearch.org/politics/2022/02/16/publics-top-priority-for-2022-strengthening-the-nations-economy/

이렇게 작은 크기의 그래프들을 사용할 수 있다면 실무에서 많이 사용하는 슬라이드에서도 적절한 레이아웃을 구성할 수 있습니다. 이 표의 오른쪽 아래에는 각 나라별 화훼시장 수와 그에 대한 실적이 나와 있습니다. 2016년과 2017년 사이의 변화를 점 2개와 선으로 표현합니다.

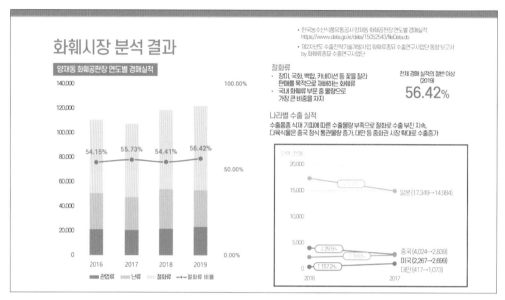

• 출처 : 한국농수산식품유통공사 양재동 화훼공판장 연도별 경매실적(2020. 09)
https://www.data.go.kr/data/15052543/fileData.do

• 출처 : 제2차년도 수출전략기술개발사업 화훼류종묘 수출연구사업단 동향 보고서
by 화훼류종묘 수출연구사업단

만약 이슈가 되는 데이터를 그래프와 함께 이해하는 과정이 필요하다면 『마부뉴스』 뉴스레터를 이용하는 것도 좋은 방법입니다. 주기적으로 현재 가장 핫한 이슈를 데이터를 기반으로 해서 설명하고 적절한 시각화 자료도 제시합니다.

출처 : https://premium.sbs.co.kr/corner/list/mabunews

● 도전해 볼 만한 프로젝트

앞의 자료들은 이미 만들어진 그래프의 종류나 레이아웃을 참고한 과정입니다. 여기서는 한 걸음 더 나아가 데이터 과제를 바탕으로 프로젝트에 참여해 보는 것은 어떨까요?

그래프에 대한 이해를 높이기 위한 연습은 「뉴욕타임스」의 "What's Going On in This Graph?"에서 할 수 있습니다. 유명 언론사인 뉴욕타임스는 기사에 사용된 그래프, 지도 등을 학생들에게 가르칠 수 있는 콘텐츠로 게시하고 있습니다.

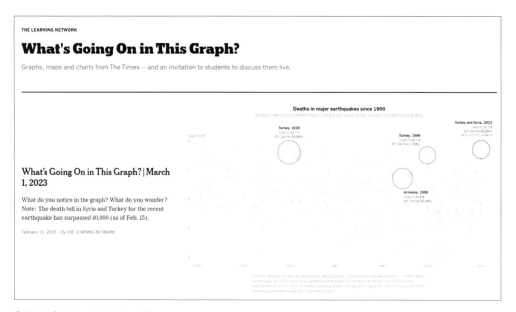

출처 : What's Going On in This Graph?
https://www.nytimes.com/column/whats-going-on-in-this-graph

방식은 간단합니다. 그래프 하나를 소개한 후 그 그래프에 대한 이해를 높일 수 있는 질문을 게시합니다. 그래프에서 어떤 점이 눈에 띄는지, 우리가 속해 있는 커뮤니티와는 어떤 연관이 있는지 그리고 이 그래프를 주요 내용으로 한 신문 기사의 헤드라인은 어떻게 설정할 수 있는지 등입니다.

답변 내용은 해당 사이트에 직접 댓글 식으로 올리고 다른 사람들의 의견도 함께 볼 수 있습니다. 더 필요한 기사가 있다면 이 그래프와 관련된 다른 기사들도 함께 볼 수 있습니다.

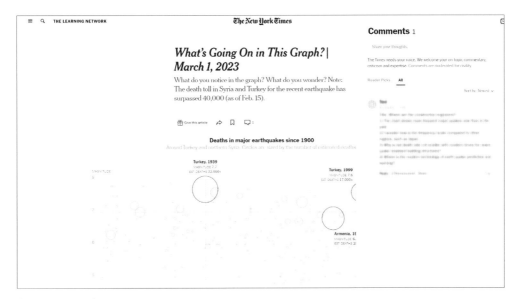

출처 : March 1, 2023 | Deaths in major earthquakes since 1900
https://www.nytimes.com/2023/02/16/learning/whats-going-on-in-this-graph-march-1-2023.html

Storytelling With Data는 개인, 회사, 자선단체 등을 대상으로 데이터로 의사소통 능력을 개발하도록 돕는 회사입니다. 동일 이름의 책과 워크숍으로 수많은 사람들에게 데이터 시각화 가이드를 제공하고 있습니다. 오프라인과 책뿐만 아니라 온라인 사이트를 이용해 많은 사람들이 데이터 시각화에 참여하도록 돕고 있습니다.

특히 이 사이트에서는 매달 데이터 스토리텔링을 위한 챌린지를 운영하고 있습니다. 팀에서 특정 과제를 제시하고 이에 대한 해법을 데이터 시각화로 찾는 것입니다. 영어로 운영되고 있기 때문에 한글로 작업한 콘텐츠는 번역을 해서 올려야 한다는 어려움이 있지만 분명히 좋은 기회가 될 것이라고 생각합니다.

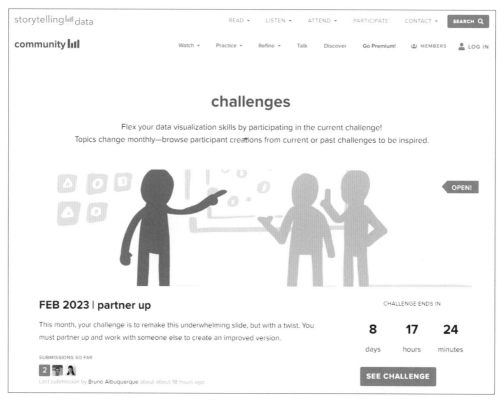

출처 : Storytelling with data challenges 페이지
https://community.storytellingwithdata.com/challenges/feb-23-partner-up

저도 이 사이트에 콘텐츠를 올려봤습니다. 간단한 미션을 해결하는 일이었는데 만약 평소에 작업한 작업물 중에 미션과 연관된 것이 있다면 한 번 도전해 보기를 바랍니다.

미션은 적절하지 않은 그래프 디자인을 개선하는 방법, 그래프 디자인에 대해 우리가 갖고 있던 편견을 깨는 사례 찾기 등 다양합니다.

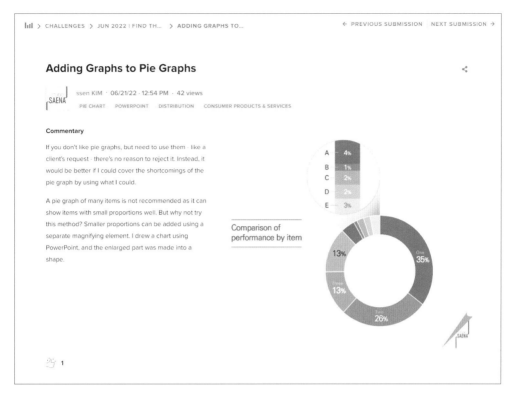

● 추천도서

오프라인에서 데이터 시각화를 지속적으로 공부하고 싶다면 책으로 공부하기를 추천합니다. 저도 데이터 시각화에 대한 개념을 잡기 위해 책부터 보기 시작했습니다. 기술이나 툴에 대한 소개보다는 전반적인 개념과 그래프를 그릴 때 주의해야 할 점들에 대한 책들을 소개하겠습니다.

1. 데이터 스토리텔링 연습

콜 누스바우머 내플릭 지음 | 변혜정 옮김 | 에이콘 | 2021년 6월

앞서 소개한 Storytelling With Data의 대표인 콜 누스바우머 내플릭의 책입니다. 같은 저자의 책으로 『데이터 스토리텔링』(콜 누스바우머 내플릭 지음 | 정사범 번역 | 에이콘 | 2016년 7월)이 있

는데 이 책은 그 연습 버전이라고 보면 됩니다. 연습으로 활용한 데이터와 다양한 사례들을 연습에 활용할 수 있습니다.

2. 진실을 드러내는 데이터 시각화의 과학과 예술

알베르토 카이로 지음 | 이제원 번역 | 강규영 감수 | 인사이트 | 2019년 5월

마이애미 대학에서 공부하는 데이터 시각화와 인포그래픽 분야 전공 내용을 주로 다루는 알베르토 카이로의 책입니다. 데이터와 데이터 시각화의 개념 중 꽤 많은 부분을 이 책을 통해 이해했습니다. "시각화 디자이너는 결코 하나의 통계량 또는 하나의 차트 및 지도에 의존해서는 안 된다."(167쪽)를 보고 그래프를 그릴 때 툴 하나에만 집중해야 한다는 생각을 접었습니다.

3. 데이터 시각화 교과서

클라우스 윌케 지음 | 권혜정 옮김 | 최재원 감수 | 책만 | 2020년 02월

이 책은 그래프 제작에 초점을 맞추고 있습니다. 만약 데이터 시각화를 위해 R을 사용한다면 이 책이 좋은 견본이 될 것입니다. 주로 파워포인트를 사용하는 제게는 그래프 디자인을 위해 생각해야 할 요소들에 집중할 수 있는 책이었습니다.

4. 데이터로 전문가처럼 말하기

칼 올친 지음 | 이한호 번역 | 한빛미디어 | 2022년 08월

실무에서 데이터를 커뮤니케이션에 활용할 방법을 찾는다면 이 책이 도움이 될 것이라고 생각합니다. 파워포인트 슬라이드로 데이터 커뮤니케이션을 했을 때의 장점이나 실무에서 데이터를 사용했을 때의 상황들을 설명하고 있습니다.

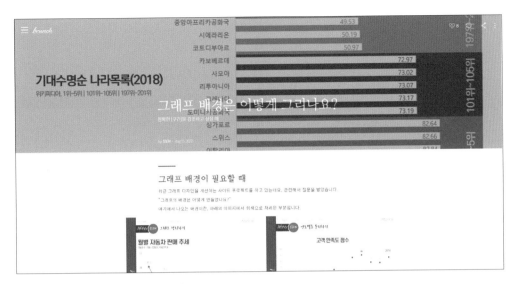

출처 : 브런치 – 그래프 배경은 어떻게 그리나요?
brunch.co.kr/@gkicarus/203

끝으로 데이터 시각화와 관련된 자료와 제 사이드 프로젝트들이 블로그에 있습니다. 데이터 시각화와 관련된 콘텐츠들을 올릴 때 필요한 것은 두려움을 내려놓는 일입니다. 어떤 영역이든 다 그렇지만 데이터 시각화의 방식에는 정답이 없습니다. 특정 데이터를 보고 이것을 시각적으로 이해하기 좋게 설계한 후 어떤 의미를 갖고 있는지 내 방식대로 설명하면 됩니다. 가볍게 데이터 저널리즘 사이트의 기사 리뷰나 책 리뷰부터 시작해도 좋습니다. 여기에 내가 다룰 수 있는 툴이 있다면 차트 기능을 적용해 이미지로 만들어 보세요. 텍스트와 이미지만 있어도 블로그의 내용들을 충분히 꾸릴 수 있습니다. 아직 감이 오지 않는다면 제 블로그에 있는 콘텐츠들을 참고하기를 바랍니다. 이 책의 어떤 스킬들이 블로그 이미지에 쓰였는지도 확인해 볼 수 있습니다.

앞으로도 데이터 시각화에 대한 콘텐츠들은 계속 늘어나고, 그것을 공부하려는 시도 또한 많아질 것입니다. 제가 정리한 목록들도 이후에는 더 늘어나기를 기대합니다. 아무 배경 지식이 없는 상태에서도 이 방법들이 도움이 된 것처럼 여러분의 데이터 시각화 스킬에도 이 책이 도움이 됐기를 바랍니다. 감사합니다.

데이터 시각화는 처음입니다만

1판 1쇄 인쇄 2024년 1월 29일
1판 1쇄 발행 2024년 2월 15일

지은이 김세나

책임편집 박주란
편집진행 방세근
디자인 유어텍스트

펴낸곳 행복한북클럽
펴낸이 조영탁
주소 서울특별시 구로구 디지털로26길 5, 에이스하이엔드타워 1차 813호
전화 070-5210-4918
팩스 02-6442-3962
이메일 bookorder@hunet.co.kr

ISBN 979-11-92815-09-1 (13500)

- 잘못된 책은 구입하신 곳에서 교환해 드립니다.
- 책값은 뒤표지에 있습니다.

행복한북클럽 Happy Bookclub 은 ㈜휴넷의 출판 브랜드입니다.